U0214631

1000 探索与揭秘

世界动物大百科
THE ENCYCLOPEDIA OF ANIMALS

（西）苏塞塔 著
黄世英 高子嘉 译

海峡出版发行集团 THE STRAITS PUBLISHING & DISTRIBUTING GROUP 福建科学技术出版社 FUJIAN SCIENCE & TECHNOLOGY PUBLISHING HOUSE

著作权合同登记号：图字13-2015-040

本书经西班牙SUSAETA EDICIONES S.A. 授权出版。未经过书面授权，本书图文不得以任何形式复制、转载。本书限在中华人民共和国境内销售。

图书在版编目（CIP）数据

世界动物大百科 /（西）苏塞塔著；黄世英、高子嘉译. —福州：福建科学技术出版社，2017.6
ISBN 978-7-5335-5159-9

Ⅰ.①世… Ⅱ.①苏… ②黄… ③高… Ⅲ.①动物－青少年读物 Ⅳ.①Q95-49

中国版本图书馆CIP数据核字(2016)第267484号

书　　名	**世界动物大百科**
著　　者	（西）苏塞塔
译　　者	高世英　高子嘉
出版发行	海峡出版发行集团
	福建科学技术出版社
社　　址	福州市东水路76号（邮编350001）
网　　址	www.fjstp.com
经　　销	福建新华发行（集团）有限责任公司
印　　刷	深圳当纳利印刷有限公司
开　　本	889毫米×1194毫米　1/24
印　　张	20.67
图　　文	496码
版　　次	2017年6月第1版
印　　次	2017年6月第1次印刷
书　　号	ISBN 978-7-5335-5159-9
定　　价	128.00元

书中如有印装质量问题，可直接向本社调换

1000 探索与揭秘

世界动物大百科

THE ENCYCLOPEDIA OF ANIMALS

目　录

水生动物

两栖动物

爬行动物

昆虫与蜘蛛

恐龙特别篇

恐龙的秘密

侏罗纪时期

三叠纪时期

白垩纪时期

不是恐龙，但它们一起生活

古生物学家如何进行研究工作

科幻世界中的恐龙

史前动物

史前动物

恐龙时代

1 显生宙第二个代也叫中生代，也就是所谓的恐龙时代，始于2.51亿年前，结束于6500万年前。在这1.86亿年间，脊椎动物尤其是爬行动物，是被发现的第一类物种。

恐龙时代

它被分成三个时期，即三叠纪、侏罗纪和白垩纪。

三叠纪开始于2.51亿年前，结束于2.02亿年前，在这期间地球上出现了恐龙。你能想象吗？最早的恐龙体型较小，肉食性，用两条腿行走，但在三叠纪末期它们已经变成主宰地球的生物。随着哺乳动物的出现，这个时代渐渐结束了。

侏罗纪始于2.02亿年前，结束于1.46亿年前。这是伟大的恐龙时代，海洋中已经生活有爬行动物、鱼和无脊椎动物，鸟类也开始出现。

白垩纪始于1.46亿年前，结束于6500万年前。这个时期恐龙仍占主导地位，地球上的哺乳动物仍然很少。这时，地球上生活着爬行动物、鱼类和无脊椎动物，昆虫也迅速发展。陨石撞击地球，造成大部分生物的灭绝。恐龙和大型爬行动物的消失，给了新生命孕育的契机。

早期爬行动物

早期的爬行动物生活在恐龙出现之前，它们大概生活在2.8亿年前，这是古生代的最后一个时期，即二叠纪。

古鳄

古鳄是世界上最早的爬行动物之一，此外，它也是恐龙的祖先之一。它们的外表类似现在的鳄鱼：四肢粗短，有一条长而有力的尾巴，它们的头骨和下颌很长，有锋利的牙齿和扁平侧面。古鳄很帅气，是吧？

史前动物

原角龙体型比较接近现在的犀牛，有厚实的皮肤和强壮有力而又粗短的腿，虽然看上去很可怕，但是它不具主动攻击性。

原角龙

丽齿兽是二叠纪非常伟大的"猎人"。你看到它们的牙齿了吗？你知道它们的牙齿有多长吗？它们的牙齿呈锯齿状，非常锋利。丽齿兽有超强的奔跑能力，能够飞速追击猎物。

丽齿兽

早期爬行动物

米勒古蜥是一种类似鳄鱼的蜥蜴，身长接近半米。

米勒古蜥

二齿兽

二齿兽是一种体型接近成年犬的小型草食动物。你看见它那对突出的獠牙了吗？它的腿强壮有力，每个脚掌上都有5个尖锐的爪子。

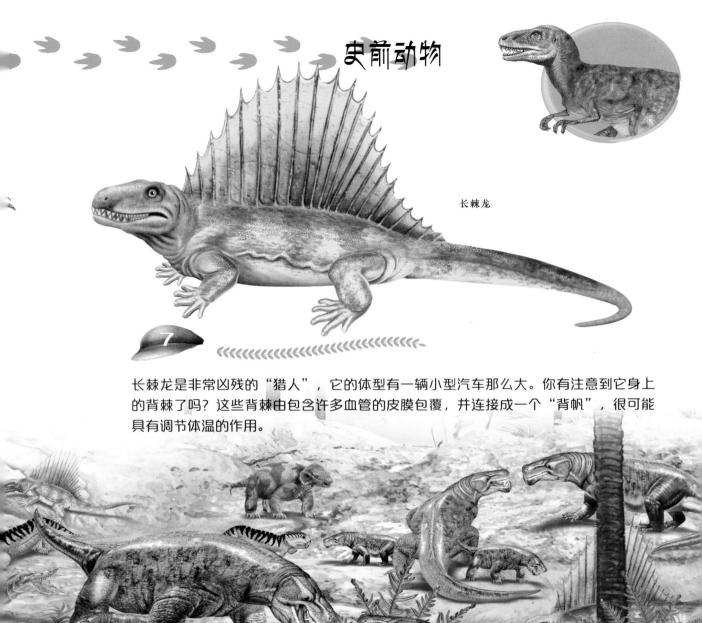

长棘龙

长棘龙是非常凶残的"猎人"，它的体型有一辆小型汽车那么大。你有注意到它身上的背棘了吗？这些背棘由包含许多血管的皮膜包覆，并连接成一个"背帆"，很可能具有调节体温的作用。

三叠纪爬行动物

水龙兽

犬颌兽是一种很接近哺乳动物的爬行动物。它身长1米，重约40公斤，外貌有点像狗，是最大的犬齿兽类之一。这些体格强壮又矮胖的犬颌兽和早期恐龙共同生活在三叠纪时期，具有惊人的攻击力，是肉食性动物的捕食者。

水龙兽是在恐龙占据统治地位之前数量最多的爬行动物。水龙兽大概只有一只土狗的大小，是草食性的，它用突出的獠牙挖掘植物的根和嫩茎，并以此为食。

犬颌兽

10

后鳄龙是三叠纪时期爬行
动物中的顶级捕食者。它
是波斯特鳄属的一种，居住在河谷及旷野
中的灌木丛中，体型有一辆面包车
大，重达1000公斤；身长6米，后
腿站立时可达2米高。

后鳄龙

早期恐龙

11 我们是通过化石来了解恐龙这一类爬行动物的。恐龙的生体结构与现有的其他爬行动物有众多共同点，比如腿位于身体下方，而不是身体的两边等。这些是古生物学家所要研究的内容。

始盗龙

12 始盗龙是已知最古老的恐龙之一，是一种非常小的食肉动物，长1米、高30厘米，而体重只有9公斤！给你举一个例子，始盗龙的身高就像是两个矿泉水瓶叠加在一起的高度，靠两条腿走路，行动非常迅速。始盗龙拥有长长的手臂，并且每个手掌上都有5个手指，以捕食小型爬行动物和昆虫为生。

史前动物

腔骨龙的化石被发现的数量较多。腔骨龙的体型较小，体重约28公斤，后腿又细又长，行动非常迅速。腔骨龙的手臂极其有力量，并且有3个趾头，据考证它们群居生活，这样有利于捕猎大型动物。

腔骨龙

23

大型恐龙

14

三角龙最显著的特征是它们大型头颅，口鼻部上方有一根角，以及一对位于眼睛上方的角状物，这是一种体型巨大的草食性恐龙。它们平均身长9米，高3米，重10吨左右。

三角龙

16

板龙是一种巨大的食草类恐龙，生活在三叠纪晚期。你看到了吗？它体长6~8米，重达5吨，可以吃到树木顶端的树叶。

板龙

15

霸王龙是一个可怕的怪物，是史上最庞大的陆地肉食性动物之一，也是最著名的一种食肉恐龙！它看上去有公共汽车一样大，高度有两层楼那么高，平均身长超过14米，高7米，重10吨上下。它的嘴巴是如此之大，以致可以一口吞掉一个人大的动物。

霸王龙

史前动物

萨尔塔龙

17

萨尔塔龙是体型较长的巨型恐龙，身长12米，有一辆公共汽车那么长。你看到它的背部吗？背上有像板块一样的背甲，可以用于自我保护。它生活在白垩纪晚期，喜欢在河里游泳。

18

梁龙的体型巨大，体长可超过30米，高约4米，重约15吨。它们的脖子很长，也很灵活，所以能够吃到最高处的叶子。梁龙的尾巴也很长，就像一条长长的鞭子。

19

肿头龙，身长5米左右，头顶肿大，好像长着一个巨瘤！你注意到它的脑袋了吗？它的眼睛长在顶部突出的位置，大如网球，这能让视野更广。它是世界上最后消失的一种恐龙。

梁龙

肿头龙

小型恐龙

美颌龙

21

美颌龙是一种小型的双足肉食性恐龙。它只有60~80厘米长，平均身高约为45厘米，就像一只火鸡的大小。你注意到它的脑袋了吗？是不是很长？它的下颌有68颗小尖齿，是用来捕食昆虫和蜥蜴的，这种恐龙生活在侏罗纪晚期。

20

棒爪龙是体型很小的恐龙，身高不超过2米，体重约20公斤！你知道吗？这种恐龙是在意大利发现的第一类恐龙，并给它取名为"西罗"。棒爪龙生活在白垩纪，其只有一组骨骼被发现，而且连同软组织及内脏被保存下来。

棒爪龙

史前动物

皮萨诺龙

22

23

皮萨诺龙是已知最古老的小型植食性恐龙，生活在三叠纪晚期。它的化石被发现于阿根廷的皮萨诺。

奇齿龙平均体长为1.2~1.5米，生活在距今2.05亿年的早侏罗世晚期。奇齿龙正如其名，牙齿复杂，有3种类型的牙齿：门齿、犬齿和臼齿。这类似哺乳动物，因此科学家认为它们可能是哺乳动物的祖先。

每种牙齿有不同的功能：门齿是用来切割树叶，犬齿是用来撕咬坚硬的根茎，而臼齿则用来咀嚼食物。

奇齿龙

恐龙中的速度冠军

食肉牛龙是一种体型巨大的肉食性恐龙，有一辆双层大巴车那么大，体重有2吨，但它的奔跑速度是非常快的。它的小腿较细、脑袋高、尾巴偏细、腿部极长，被称为白垩纪的猎豹。几乎所有的猎物都逃脱不了它的追捕。一旦抓住猎物，食肉牛龙将用自己的爪子和牙齿撕裂猎物，然后脖子一仰一口吞食，非常可怕！

棱齿龙

棱齿龙是个头不大的植食性恐龙，体长1.4~2.3米，两腿修长，奔跑时速可达45公里，因此可以逃避大多数捕食者的追捕。考古学家认为，它们生活在森林里的树上。你知道吗？在南极洲也发现了两具棱齿龙的化石。

食肉牛龙

史前动物

迅猛龙

似鹈鹕龙是一个很好的跑步运动员，身高2~2.5米，重约80公斤。它拥有大约220颗非常小的牙齿，且表皮没有鳞、毛或羽毛。

似鹈鹕龙

迅猛龙是白垩纪时森林中最可怕的食肉动物。尽管它的体型不大，身长只有2米多，高约1米，但它的腿很长，肌肉发达，擅长奔跑，可以追捕行动迅速的猎物。迅猛龙的大脑较大，是一种非常聪明的恐龙。

会飞的爬行动物

28 有一类会飞行的爬行动物，它们不是恐龙，而是飞行爬行动物演化支，叫翼龙。这些动物是第一种可以像昆虫一样通过两翼齐飞方式飞行的脊椎动物。它们生存于史前，从三叠纪晚期到白垩纪末期，同恐龙一起灭绝。它们在飞行时可以从水中捕鱼，是地球上最大的飞行动物。

翼龙

29 你注意到了吗？翼龙的脖子很长，上下巴都没有牙齿。
据研究表明，它有窄长且类似机翼的翅膀，翼展约为12米，体重为65~100公斤。

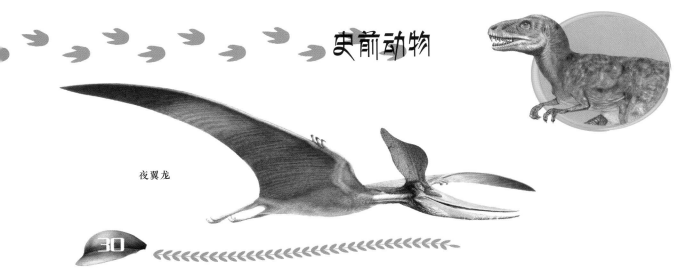

夜翼龙

30

夜翼龙曾经是最大的翼龙之一。你看见它那巨大的冠羽了吗？这是它最明显的特征。科学家们还不知道它的具体用处，可能是起到平衡的作用，也可能是用来吸引异性。它的翅膀展开可以超过8米长，跟一辆小型公交车一样长。这种爬行动物生存于侏罗纪。

会飞的爬行动物

鸟掌翼龙

31

鸟掌翼龙有巨大的翅膀，颈部细长，用4只脚站立，高度有3米，大部分高度在头部。它的长喙上长有许多牙齿，适合抓鱼。鸟掌翼龙的化石被发现于北美，但世界各地都有其化石的踪迹，表示鸟掌翼龙经常做长距离旅行。

史前动物

32 古神翼龙靠它巨大的冠羽引人注目。每个物种有不同大小及形状的冠饰，可能作为与其他古神翼龙交流的信号，如同大嘴鸟用它们鲜艳的鸟喙传达信号，还可能作为在求偶过程中攻击竞争对手的武器。

古神翼龙

33 准噶尔翼龙的身体结构适于飞行，它们的骨骼中空，头骨上的很多骨片已愈合，眼睛发达，口内牙齿数目少，颌前部已无牙。其翼展2米多，尾部短小。它们生活于湖边，以鱼类为食，生存于白垩纪早期，其化石被发现于新疆准噶尔盆地西北乌尔禾地区。还有一种生存于白垩纪中期的准噶尔翼龙，其颌又长又狭窄，而且喙尾朝上弯起，身长可达10米。

准噶尔翼龙

34

在侏罗纪时期，两类恐龙征服了海洋，即蛇颈龙和鱼龙。蛇颈龙长着4只用来游泳的鳍形脚。鱼龙进化得更加彻底，长着海豚的形状。它们是海生爬行动物。其实，史前的大海中生活着不计其数的史前动物。

35

滑齿龙是已发现的最大的蛇颈龙，身体长达15米，是侏罗纪时期海里的帝王。捕食的时候游得非常快，潜得非常深。它的嘴有2米长，长满了锋利的牙齿，以其他的海生爬行动物为食。

滑齿龙

蛇颈龙

36 蛇颈龙是蛇颈龙属海生爬行类的统称，是一类在浅水环境中生活的类群，个体较大，且颈长，因此得名。如果你仔细观察它，可以发现这种恐龙最大的特点就是身体很宽，尾巴很细，脖子很长且头很小。它通过4只鳍游水，善于捕食鱼类。蛇颈龙出现于三叠纪晚期，于侏罗纪早期灭绝。

鹦鹉螺

37

鹦鹉螺的壳薄而轻，呈螺旋形，壳的表面为白色或者乳白色，生长纹从壳的脐部扩散出来，平滑细密，多为红褐色。整个螺旋形外壳很是光滑，形似鹦鹉嘴，故此得名鹦鹉螺。鹦鹉螺已经在地球上经历了数亿年的演变，但外形、习性等变化很小，被称作海洋中的活化石，在研究生物进化和古生物学等方面有很高的价值。

38

薄片龙是晚期蛇颈龙类的代表，它们的平均身长8~14米，有着和长颈不成比例的小脑袋！薄片龙的4个鳍状肢看起来就像划桨一样，同时具有锋利的牙齿和尖尖的尾巴，身体很薄。它们生活在白垩纪晚期。

薄片龙

史前动物

鱼龙是一种生活在侏罗纪时期的大型海栖爬行动物。它曾是漫游在海洋里的杀手，长得像海豚，眼睛很大。鱼龙从鼻子到尾巴长约4米，几乎位于食物链的最顶端，捕食鱼类和一些爬行动物。

鱼龙

恐怖的掠食者

40

异特龙是侏罗纪晚期最常见的大型掠食动物，体型非常大，就像可怕的霸王龙一样。它的头部平均都有1米长，具有大型的头颅骨，上有大型洞孔，可减轻重量，眼睛上方拥有角冠。它的头颅骨是由几个分开的骨头组成的，骨头之间有可活动关节。进食时颌部可先下上张开，然后再左右撑开吞下食物。嘴里长有大型、锐利、弯曲的牙齿。它的尾巴就像一条大鞭子，是不是很可怕？

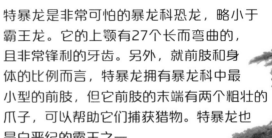

异特龙

41

特暴龙是非常可怕的暴龙科恐龙，略小于霸王龙。它的上颌有27个长而弯曲的，且非常锋利的牙齿。另外，就前肢和身体的比例而言，特暴龙拥有暴龙科中最小型的前肢，但它前肢的末端有两个粗壮的爪子，可以帮助它们捕获猎物。特暴龙也是白垩纪的霸王之一。

特暴龙

史前动物

霸王龙是史上最庞大的陆地肉食性动物之一，也是最著名的食肉恐龙，它们是真正意义上白垩纪最恐怖的动物。霸王龙是最晚出现的恐龙之一，体长11.5~14.6米，平均体重达8吨，咬合力有史以来居陆地生物第一。霸王龙嘴巴张开时可以看到有60颗牙齿，它们的皮肤厚实、坚韧、粗糙，后腿强劲有力。霸王龙是最晚灭绝的恐龙之一，也是陆地史上体型最大的食肉动物。

霸王龙

小迅猛龙是另一种可怕的食肉恐龙，可以站立起来攻击猎物。它们吞食猎物时会将前肢张开，以尽量保持身体的平衡，尾巴也具有平衡身体的功能。小迅猛龙的颌部结构灵活，方便其撕咬、吞食猎物，生活在白垩纪。

小迅猛龙

恐龙的秘密武器

剑龙

45

剑龙有很可怕的防御"武器"——长着剑羽的脊背，长长的且有力的尾巴。它把尾巴像鞭子一样挥舞来抵御大型食肉恐龙。虽然它有着可怕的外表和巨大体型，但它可是性情温和的食草类恐龙。它的脑子其实只有榛子那么大！

44

巨大的梁龙最大的防御武器就是那像鞭子一样的尾巴，但是这还不是它唯一的武器。古生物学家们认为它攻击的时候还会采用后脚站立、前脚踩踏的方式。

梁龙

史前动物

46

牛角龙的那些角总是能给人留下深刻印象，那是它用来抵御敌人的。注意它的头部：牛角龙的头部是所有恐龙中最大的，有3米长。当它遇到对手的时候，会先本能地移动头部，然后四脚分开，稳稳地站立，随后用额头上的角来对抗。牛角龙生存在白垩纪晚期。

牛角龙

47

刺盾角龙是恐龙中防御能力最好的，被它的鼻角顶中将是致命的，它颈部周围的尖角起到很好的保护作用。很多时候刺盾角龙不用参战，只需要晃晃满头的尖角就能吓退多数进攻者。这种食草恐龙生存在白垩纪。

刺盾角龙

41

恐龙的食谱

恐龙分为植食性恐龙、肉食性恐龙和杂食性恐龙。根据恐龙吃的食物特性来区分它们的类型。

49

埃德蒙顿龙是鸭嘴龙科下的一种恐龙，生活于上白垩纪的麦斯特里希特阶，属于植食性恐龙。它的嘴巴像个大铲子，一口下去可以吃到大量的树叶。它有近1000颗牙齿，可以将植物置于两侧的颊部，并以牙齿咀嚼后吞下。

48

偷蛋龙以偷取其他恐龙的蛋为食。恐龙蛋的壳很厚，不易打开，偷蛋龙得手后会飞速逃离现场到一个安全的地方。它们没有牙齿，通常将偷的蛋含在嘴里，再利用外力把蛋敲破吸食其中的蛋液。

偷蛋龙

史前动物

腕龙是最大的恐龙之一，这么高大的动物要采食高树上的枝叶，当然是很容易的。虽然可以觅食高树梢上的枝叶，但是它不会让脑袋抬高得太久，因为那样血液将很难输送到头部。腕龙每天需要吃1.5吨叶子！但它没有咀嚼能力，而是通过上下颚撕碎叶子，然后直接吞咽下去。腕龙生活在侏罗纪晚期和白垩纪早期。

埃德蒙顿龙

腕龙

奇妙的冠饰

副栉龙最奇妙的特征是头顶上的"冠饰"，由前上颚骨与鼻骨所构成，从头部后方延伸出去。古生物学家对副栉龙"冠饰"的功能做出许多假设，比如用于辨别物种与性别、发声交流用的共鸣器以及调节体温等。目前不确定"冠饰"与内部鼻管在演化过程中，哪种功能是最重要的。副栉龙是二足恐龙，但可以转换成四足行走，它在寻找食物时采用四足方式，在奔跑时采用二足方式。

赖氏龙

副栉龙

史前动物

52

赖氏龙最明显的特征是头顶的冠饰，成年的赖氏龙有釜头状冠饰。大赖氏龙的颈部、前肢、脚部，有类似的鳞片；窄尾赖氏龙尾巴上的大型六角形、小型圆形鳞片上，则有小型骨质硬块。赖氏龙的冠饰大部分为中空，鼻管绕经这个冠饰。许多古生物学家认为这些冠饰的功能包括：增进嗅觉、储存空气、作为共鸣器或是吸引异性。赖氏龙平时用四肢行走，遇到危险时它会用两条后腿跑步，并且可以在水中游泳以逃离险境。

冠龙

53

冠龙有一个很特殊的头冠，长得像鸡冠，它们的名字也由此而来。据说它们的头冠内有发达的嗅觉细胞，所以嗅觉很灵敏。它们的体型巨大，身体笨重，动作笨拙，身披鳞片，体长跟一辆公交车差不多，而高度则有两层楼那么高。它们是植食性恐龙，很可能会游泳，但游起来的速度肯定很慢。它们可以跳入湖中缓慢地游向其他地方，以逃脱一些肉食性恐龙的追击。

恐龙的繁衍

恐龙通过下蛋来繁衍下一代，就像现在的爬行动物一样。恐龙蛋有圆形、卵圆形、椭圆形和橄榄形等多种形状。恐龙蛋的大小也较悬殊，小的直径不足10厘米；大的直径超过50厘米。据了解，恐龙也会筑巢，然后在里面下蛋，并照看它们，直到小恐龙出生。

a.慈母龙是最早被发现的恐龙之一。1979年在美国蒙大拿州发现了慈母龙的化石窝，其中有小恐龙的骨架。

慈母龙

b.这一发现让人们可以更好地研究慈母龙。它们生活在白垩纪中期。慈母龙的窝是直径1米的圆坑，可以肯定的是恐龙妈妈会在生蛋之前用新鲜的草或植物来修葺一下它们的窝。它们一次会产下18~30个蛋，古生物学家认为，雄性和雌性慈母龙都会照顾蛋，以免受到其他恐龙的伤害。

史前动物

慈母龙

c.当小慈母龙出生后，慈母龙父母会给小慈母龙提供食物，直到它们可以独立生活。小慈母龙吃植物、水果和种子，慈母龙父母会把比较硬或很难咀嚼的食物先咬碎，然后再喂给它们。

d.一些专家认为，慈母龙可能过着群居生活，每年会回到同一个地方繁殖，甚至每年都使用同一个巢穴。

早期的哺乳动物

哺乳动物的时代始于6500万年前的新生代，并延续到现在。

中生代时，陨石坠落到地球上，导致大量生物死亡，而幸存下来的哺乳动物进一步进化。它们演变成陆地、海洋和天空的哺乳动物，慢慢主宰着当时的地球。从新生代开始，原始的昆虫和鸟类也开始演变成我们现在所熟知的动物。

你知道什么是新生代吗？

重褶齿猬

长鼻跳鼠

56 ‹‹‹‹‹‹‹‹‹‹‹‹‹‹‹‹‹‹‹‹

你有见过长鼻跳鼠的模样吗？它是一种新生代早期的哺乳动物。

57 ‹‹‹‹‹‹‹‹‹

重褶齿猬的鼻子与中麝鼠的鼻子很像。

史前动物

睡鼠是另一种啮齿类的哺乳动物，和现在的老鼠很像。

睡鼠

恐鹤是一只巨大但却不会飞行的"鸟"，有2.5米多高。它的腿很长，可以跑得非常快，一双小翅膀用来保持平衡，而不是用来飞翔。它不是植食性的哺乳动物，而是一种最大的肉食性鸟类，其原始的翼就像是一对有爪的手臂可以捕捉猎物，并以巨大的鸟喙来杀死猎物。

不飞鸟是一种身高超过2米的捕猎鸟，不能飞，但它的喙是一个很好的武器，生活在大约5000万年前的北美地区。

不飞鸟

恐鹤

冰河时代

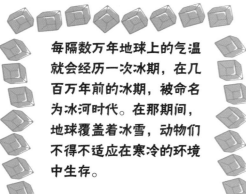

每隔数万年地球上的气温就会经历一次冰期，在几百万年前的冰期，被命名为冰河时代。在那期间，地球覆盖着冰雪，动物们不得不适应在寒冷的环境中生存。

61

剑齿虎的上颌长有巨大的犬齿，大约长达12厘米；下颌则向下伸出了小护叶。食肉类动物的犬齿通常作为捕食猎物的一种杀伤性武器，而剑齿虎擅长对付大型的植食性动物。剑齿虎的前肢肌肉发达，威力无比，在捕食猎物时靠前肢把猎物弄倒，再将犬齿刺入猎物喉部。

剑齿虎

62

披毛犀有两只扁平的角，冬天可以推开雪来吃草。它还有一层厚厚的毛皮及脂肪，用来在寒冷的环境中保持体温。披毛犀平均体长约3.5米，高2米左右，平均体重约1.8吨，与现存的印度犀牛体型相当，小于白犀牛。

披毛犀

史前动物

麋鹿

63

麋鹿鹿角较长，成年雄型麋鹿加上鹿角可超过3米高，以青草和水草为食，是狮子、尼安德特人与现代人的猎杀对象。雌性麋鹿比雄性麋鹿个头要小，也没有鹿角。在交配季节，雄性麋鹿停止进食，在雌性麋鹿面前展示自己以获得交配权。

64

猛犸象是一种适应了寒冷气候的动物，曾经是世界上最大的象，是在陆地上生存过的最大的哺乳动物。猛犸象身高体壮，有粗壮的腿，脚生四趾，头特别大，在其嘴部长出一对弯曲的大门牙。它身上长着细密长毛，皮很厚，具有极厚的脂肪层。

猛犸象

哺乳动物

哺乳动物

65 哺乳动物的特征在于雌性脊椎动物有乳房，能够在生育后的前几个月用乳汁来喂养下一代。

66 哺乳动物是恒温动物，也就是它们的体温恒定不变。不论它们生活在哪里，总是通过肺部呼吸。

67 哺乳动物通常是胎生的，即胚胎在母体中发育。仅有两种哺乳动物是卵生的，它们是鸭嘴兽和针鼹，分布于澳大利亚、塔斯马尼亚和新几内亚。

68 全世界大约有5000种不同的哺乳动物。它们大部分生活在陆地上，也有生活在海洋或河流中，甚至有飞行类哺乳动物。

大型哺乳动物

69

蓝鲸被认为是已知最大的哺乳动物，
体长可达33米，重达220吨，也就是
说，它的体重相当于25头以上的非洲象，
或2000~3000个人的体重总和。它嘴里没有牙
齿，而是通过一种"过滤器"来滤食小鱼、小虾等水生生
物。蓝鲸通过肺呼吸，由于其肺容量较大，每隔15~20分钟才露出水
面呼吸一次。

蓝鲸

哺乳动物

70

长颈鹿是哺乳动物中最高的。一只成年雄性长颈鹿站立的时候，头部离地面可超过6米，有两层楼那么高，这可以让它吃到大草原上最高树木上的叶子。它的舌头超过半米长，可用以清洁自己的耳朵。

71

水豚是世界上最大的啮齿动物，躯体巨大，体长1~1.3米，肩高0.5米左右，体重27~50公斤。它们生活在南美洲的各种近水低地。水豚是食草类哺乳动物，吃水生植物、芦苇、树皮等，有时爬上陆地偷吃蔬菜、水果和稻谷等，被人们视为害兽之一。

长颈鹿

水豚

大型哺乳动物

72

驼鹿是世界上最高大的鹿，北美洲的驼鹿体长可达3米，大多数体重可达700公斤，最高纪录为1000公斤左右，堪称鹿类中的庞然大物。驼鹿的身躯很像骆驼，肩部特别高耸，像骆驼的驼峰，因此得名。

驼鹿

73

非洲象是最大的也是最重的陆地动物。一只成年非洲象的体重可超过7吨！非洲象一天当中16小时都在进食，可以吃200多公斤的草料。

非洲象

哺乳动物

74

东北虎是现存体型最大的猫科动物，其中雄性体长可达3米（不包括尾部，尾巴长可以达到1米），体重可达360公斤。

东北虎

75

大猩猩是目前灵长类中体型最大，最强壮的物种。雄性大猩猩身高1.65~2米（像人类一样），体重170~250公斤，雌性大猩猩的重量大概是雄性的一半。

大猩猩

小型哺乳动物

76

世界上最小的猴是狨猴，个头不超过15厘米，是生活在南美洲亚马孙河流域森林中的一种猴子。狨猴非常胆小，很容易驯服。它们在保卫自己领地的时候会大声尖叫，并互相追逐。

鼩

狨猴

77

鼩是目前较小的哺乳动物，身长5.5~8.5厘米，其中尾巴的长度就有2.5~5厘米。它们新陈代谢的速度让人难以置信，为了维持快速的新陈代谢，鼩几乎没有停止过觅食，若超过4个小时没有进食，它们就会死掉。

哺乳动物

78

世界上最小的蝙蝠是泰国的大黄蜂蝙蝠，当它收紧翅膀时只有3厘米宽，而展开翅膀时也只有8厘米宽，体重才2克。大黄蜂蝙蝠居住在石灰石岩洞上，被认为是全球几种最濒临灭绝的物种之一。

大黄蜂蝙蝠

79

世界上最小的鲸类是瓦吉塔，生活在墨西哥境内，长约1.5米，重45~55公斤。这种鲸目前仅存250~400只，是濒临灭绝的物种之一。

哺乳动物中的速度冠军

叉角羚

80

跑得最快的四条腿动物是猎豹，它的时速可以达到120公里。但它保持这个速度最多只能跑3分钟，否则会因身体过热而毙命。猎豹起跑加速很快，仅需两秒钟时速就可以达到74公里。

81

叉角羚是跑得非常快的陆地动物，平均时速可以达到70公里，短距离奔跑可以达到105公里的时速！它身上的鬃毛和角一生中从未停止生长。

猎豹

哺乳动物

82 非洲的老虎和豹子都跑得非常快，它们的平均时速可以达到72公里，豹子通常把食物存放在树上，以免被其他掠食者抢夺。

豹子

老虎

角马

83 你知道印度犀牛吗？尽管它又大又重，但是奔跑的速度非常快。它奔跑的时速可以达到55公里，但只能维持很短的时间。

84 年轻角马的奔跑时速比成年角马要快得多，时速可以达到80公里，类似一辆面包车的速度。角马是草原上跑得较快的动物之一。

63

跳跃高手

85

跳羚身高不到1米，但跳起来的高度可达3米，它是唯一生活在南非的羚羊，常在一天中最凉爽的时间进食。

跳羚

飞鼠

86

袋鼠以跳代跑，可以说是跳得最高、最远的哺乳动物。红袋鼠单次可以跳12米远，相当于一辆公交车那么长的距离。

87

飞鼠可以从一棵树跳到另外一棵树上，这对它来说这简直就是小菜一碟。当它展开四肢，原本折叠在四肢间的宽大皮膜就展开了，就像一个降落伞，这可以让飞鼠滑翔很远的距离。飞鼠生活在北美。

袋鼠

哺乳动物

88

兔子是一个跑跳能手，一旦有突然响动就会马上戒备或迅速逃跑，它会不规则地绕着兔子窝跑，然后一跃跳入洞中，而且一时半会儿不再出现。

兔子

89

这是非常灵活的美国丛林猴子，它的尾巴更像是一条腿，可以利用尾巴在树上跳10米远。

90

海豚的跳跃高度可达3米。

海豚

羚羊最远可以跳9米，相当于一辆卡车那么长的距离。当遇见危险的时候，它会发出特殊的叫声以通知同伴们。

92

你知道大象是不会跳跃的哺乳动物吗？

美国丛林猴子

羚羊

热带雨林哺乳动物

黑猩猩

93 霍加狓是长颈鹿的近亲，但是短短的颈部和背部让人联想到斑马，你注意到了吗？它生活在非洲丛林深处，舌头像长颈鹿，可以用来清洁眼睛和耳朵。

94 黑猩猩是现存与人类血缘最近的高级灵长类动物，也是当今除人类以外智力水平最高的生物。它可以使用超过60种不同的叫声来表达情感，还能使用一些简单的工具，比如可以把棍子伸入洞穴中捉虫吃等。

霍加狓

95 食蚁兽蠕虫状的长舌能灵活伸缩，舌头上有唾液和腮腺分泌物混合而成的黏液，用于粘取蚁类。食蚁兽性情温和、动作迟钝，但有极好的嗅觉。它靠鼻子嗅出蚁穴的位置，再用利爪把蚁穴撬开，并用长舌捕食蚂蚁。它总是十分小心，使蚁穴不至于被完全破坏。食蚁兽一天最多可吃3万只蚂蚁或其他昆虫。

食蚁兽

哺乳动物

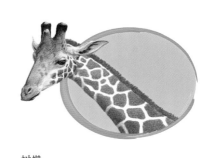

96

树懒是一种移动缓慢且大部分时间都在树上休息的动物。它们虽然有脚，却不能走路，得靠前肢移动身体前行。它们可以一整年都待在树上。可是你知道吗？它们竟然是游泳能手。

树懒

98

大猩猩是现存所有灵长类中体型最大的，站立时高1.6~1.8米。你肯定见过它们用拳头不停地捶胸，这是大猩猩的一种示威动作，在向对方展现自己的力量。

大猩猩

97

美洲豹是美洲丛林的大型捕食者，它是一个孤独的"猎人"，擅长攻击路面上行走的动物。它通常在黎明和黄昏捕食，且常出没于河流附近。

美洲豹

萨凡纳哺乳动物

狮子是一种生活在非洲草原的大型猫科动物，也是现存平均体重最大的猫科动物。狮子也是唯一一种雌雄两态的猫科动物，它们有"草原之王"的称号。狮群中一般有10~12只母狮子，其中往往包含连续的几代雌狮，并且至少有一头成年雄狮和一些成长中的狮宝宝。雄狮是狮群的核心，它们极少离开出生地。

河马

狮子

100

角马的尾巴和腿像马，其褐色或蓝灰色体表、头部及弯曲的角像公牛，颈部有茂密的黑色鬃毛。它们生活在非洲大草原，迁徙时汇集成的角马群多达几十万头，场面相当壮观。在旱季，它们到其他水草丰盛的地方觅食。

101

河马是目前陆地上体重仅次于大象的动物，有4.5吨重！它们的獠牙有半米长，是最危险的动物之一！它们是植食性动物，一天大概能吃掉80公斤的植物。它们大部分时间都在水里，是一个伟大的游泳运动员，天生就会游泳。

角马

哺乳动物

斑鬣狗

103

大象头很大，耳大如扇，四肢粗大如圆柱以支持巨大身体，膝关节不能自由屈伸，鼻长几乎与体长相等，呈圆筒状，伸屈自如。象鼻全部是由肌肉组成的，鼻孔开口在末端，鼻尖有指状突起，能拣拾物品。象鼻非常灵活自如，可以抬举重达1吨的物体，也可以捡拾如花生那样小的食物。

大象

102

斑鬣狗生活在非洲大草原，体型较大，成群猎食，除了食用腐肉以外，能捕食羚羊。斑鬣狗捕获猎物之后，在进食中，由于兴奋和争食会发出一种类似人一样"嗤嗤"的发笑声音。

69

灌木丛林哺乳动物

104

棕熊是欧洲森林最大的捕食者。它是捕捉鳟鱼和鲑鱼的专业好手，但它最喜欢的食物却是蜂蜜。在森林中每只棕熊都有自己的领地，常常在树干上留下用嘴咬、用爪抓挠和用身体擦蹭的痕迹等，作为各自领地的边界，以免互相侵犯。

棕熊

伊比利亚猞猁

106

伊比利亚猞猁是欧洲最大的猫科动物，只生活在伊比利亚半岛的地中海森林，被生物学家认为是世界上数量最少的猫科动物之一，面临灭绝的危险。你注意到它耳朵上的一簇毛吗？那有助于提升它的听力。

105

这种眼睛周围像敷了一圈"面膜"的动物叫浣熊。浣熊的栖息地必须临近水源，其常在河里捕食鱼类，让人误以为它们在水中浣洗食物。

浣熊

107

水獭主要栖息于河流和湖泊一带，尤其喜欢生活在两岸林木繁茂的溪河地带。它们很擅长游泳，捕捉鱼类，然后到岸上找一块平坦的石头或在浅水区域的角落，有时也在水面有突出的石块上食用捕获的食物。它们的巢穴在地下，位于水边。

水獭

松鼠

108

松鼠多数栖息在寒温带的针叶林及针阔叶混交林区，尤其在山坡或河谷两岸的树林中最多。松鼠喜欢单独在树洞中居住，有的也在树上搭窝。它们主要以橡子、栗子、胡桃等坚果为食，也喜欢吃松子，常到针叶林寻松子吃，也吃松树的嫩枝叶、树皮、菌类、昆虫及小鸟等。松鼠有贮藏食物的习惯。

71

山区哺乳动物

驯鹿是一种已经被驯服的鹿科动物。雄鹿和雌鹿都长有繁复分枝的角。

驯鹿

哺乳动物

110

羚羊可以在岩石间跳跃，它们总是三五成群地下山寻草吃。公羊和母羊生活在不同的群体，只有在交配的季节，它们才走到一块。雪崩对它们而言是最大的危险之一。

羚羊

山区哺乳动物

美洲驼

与骆驼不同，羊驼类没有驼峰，身体细长，腿和颈均长，尾短，头小，耳大而尖；它们群居，以禾草和其他植物为食；被激惹时会喷吐唾沫；可种间杂交并产生能育的后代。美洲驼在羊驼类中体型最大，能驮载45～60公斤物品，并且在负载过重或力竭时，会躺下嘶叫，喷吐唾沫，脚踢拒不前行。

北山羊

北山羊生活在海拔3500～6000米的裸岩和山腰碎嶙峋的地带。母羊的体型比公羊要小，角也比公羊的要小。公羊用它们的角来争偶打斗。它们过着群体生活，又经常变化群体。

哺乳动物

马鹿生活在植被浓密的森林里或草原地区。鹿群由年轻公鹿、母鹿和鹿犊组成。通常成年公鹿和老年公鹿生活在一起，它们每年都会长出新角。成年公鹿拥有较大的鹿角，并利用它在交配季节争偶打斗。

马鹿

夜行性哺乳动物

狐猴

114

狐猴是生活在非洲马达加斯加岛和非洲西部森林中的一种猴子。你有没有注意到它那长长的中指？它的中指是用来找东西吃的。狐猴将中指插到树干的洞中，寻觅昆虫的幼虫。

115

蝙蝠是唯一能飞的哺乳动物。它们熟睡时是倒挂的，脸朝下，离开山洞时总是习惯向左飞行，以昆虫为食或吸食其他动物的血。蝙蝠是靠超声波来引导飞行，它们的视力很弱只能感觉到光的存在。

蝙蝠

黄鼠狼

116

黄鼠狼是一个可怕的捕食者，它会潜入兔子、田鼠和老鼠的洞穴里觅食。

哺乳动物

117

刺猬白天隐藏起来，夜间出来觅食。刺猬最喜爱的食物有蜗牛、蚯蚓、青蛙、鸟蛋、水果和幼鸟。它们每天只要吃200克的食物，这似乎有点少，但刺猬就是这样的动物。

刺猬

臭鼬

刺猬

118

臭鼬能够贴着地面行走，遇险时能通过很小的间隙逃跑。这还不算什么，它还是一个非常聪明的捕食者，常捕食小动物，也会吃水果和鸡蛋。它可以不打碎蛋壳，而是将蛋穿透一个洞，然后吸食里面的蛋液。

海洋哺乳动物

海洋哺乳动物中的鲸豚类动物。它们是已经适应了海洋生活的哺乳动物，虽然它们在海洋中自由自在地生活，但仍然要浮到水面上来呼吸空气。

独角鲸

120

虎鲸是海洋中最可怕的食肉动物。虎鲸牙齿锋利，性情凶猛，是企鹅、海豹、鱼、鸟、乌龟的天敌。有时它们还袭击其他鲸类，甚至是大白鲨，可称得上是海上霸王。海豹在冰面上休息时，虎鲸会推动冰块，让海豹失去平衡，掉进水里，然后张大嘴巴吃掉它们。可是你知道吗？虎鲸属于海豚家族。

119

抹香鲸头部巨大，下颌较小，仅下颌有牙齿。身体呈流线型，口内无须，均为牙齿。它最喜欢的食物是巨型乌贼，抹香鲸能在1000米深的黑暗海域中追寻乌贼。

虎鲸

抹香鲸

哺乳动物

海豚

121

你有看到长着长角的鲸鱼吗？它就是独角鲸。雄性独角鲸上颌向前长出一根笔直的螺旋状的长角（牙齿），类似于中世纪重装骑士的长矛，长度可达2~3米。

123

海豚是与鲸鱼、鼠海豚密切相关的水生哺乳动物，大约于1000万年前进化而成，广泛生活在大陆架附近的浅海里，偶见于淡水之中。各种海豚的长度从1.2米到9.5米，重量从40公斤到10吨不等，主要以鱼类和软体动物为食。海豚十分聪明伶俐，因为它有一个发达的大脑，而且沟回很多，沟回越多，智力便越发达。

122

海牛

海牛是海洋植食性的哺乳动物，它们多半栖息在浅海，从不到深海去，更不到岸上来，大部分时间在寻找食物。大多数海牛生活在热带海域，它们不能在寒冷的水域生存。

124

白鲸，又称贝鲁卡鲸和海金丝雀，通体雪白，生性温和，是一种生活于北极地区海域的鲸类，以变化多样的叫声与丰富的脸部表情闻名。它们极强的生命力与适应力、特殊的外貌、易受吸引的天性以及可接受训练等因素，使其成为海洋世界的明星之一。

白鲸

寒带哺乳动物

125

海狮的雌雄可以通过颈部区别，成年雄海狮颈部周围生有长而粗的鬃毛，体毛为黄褐色，背部毛色较浅，胸及腹部色深；雌性海狮体色比雄性淡，没有鬃毛。海狮是一个杰出的游泳运动员，以鱼类、章鱼和乌贼为食。雄海狮一生会拥有很多的雌海狮，7岁的时候就有6个伴侣，到了40岁就有30个伴侣了。

海狮

126

海豹是一个非常老练的游泳健将。你知道刚出生的海豹就已经可以游泳了吗？出生2~3天，它们就可以潜水长达2分钟，接着游泳和跳水，开始它们的捕猎之旅。小型甲壳动物、章鱼，甚至企鹅都是它们的食物！

海象

127

海象顾名思义，即海中的大象，身体庞大，长着两枚长而大的獠牙。它们的两枚獠牙可以超过1米，并具有多种用途！它们的獠牙可以用于自卫和争斗，在泥沙中掘取蚌蛤、虾蟹等食物，或者推开岩石找到隐藏在岩石中的软体动物，或在爬上冰块时支撑身体，所以又有"象牙拐杖"之称。在冰封的海下，獠牙还能用来凿冰洞，以便呼吸。海象能在1米左右深的水下潜30分钟。

海豹

哺乳动物

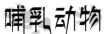

128

你注意到象海豹的鼻子了吗？看起来是不是像一个角？这种哺乳动物平时是非常温顺的，但在交配季节雄性之间的斗争是非常残酷的。一只雄象海豹可重达4吨，然而雌象海豹不超过900公斤。它们在陆地上是笨拙的，一旦到了水里立马变成一名非常优秀的潜水员。

象海豹

北极熊

129

北极熊是现今陆地上体型最大的食肉动物之一。饥饿的北极熊可以吃掉一只重量超过60公斤的海豹！它的皮肤下有一层厚厚的脂肪，这有利于在食物匮乏的时候进入冬眠。北极熊是一个游泳健将，为了寻找食物它能以时速10公里的速度游100公里远。

81

沙漠哺乳动物

130 骆驼被誉为"沙漠之舟"。骆驼有两个种类：双峰骆驼和单峰骆驼。它们非常相似，但很容易区分，双峰骆驼有两个驼峰而单峰骆驼只有一个。单峰骆驼生活在阿拉伯和中东地区；双峰骆驼生活在亚洲的沙漠地区。这种动物常被作为穿越沙漠的交通工具，它们可以负载450公斤而不停歇地在沙漠走45公里！

131 你知道单峰骆驼和双峰骆驼都和羊驼有血缘关系吗？

132 双峰骆驼和单峰骆驼所生下来的叫骡子驼，骡子驼力量很大，可以驮很重的货物。

单峰骆驼

双峰骆驼

哺乳动物

沙鼠

133

沙漠狐的大耳朵可以帮助身体迅速散热，以适应沙漠炎热的气候。它们是非常聪明的捕食者，通常在夜间觅食。沙漠狐的嗅觉和听觉极好，行动敏捷，能轻松捕食老鼠、野兔、小鸟、鱼、蛙、蜥蜴、昆虫和蠕虫等。它们有时也吃一些野果。

134

沙鼠可以像袋鼠那样跳跃，是一种生活在非洲沙漠的鼠类。沙鼠基本什么食物都吃，在夜间开始觅食。它个子比较小，身体只有1.5~3厘米长，就像一个小橡皮擦。

沙漠狐

135 骆驼有双重眼睑和浓密的长睫毛，可防止风沙进入眼睛。骆驼的鼻子还能自由关闭，以免受沙尘暴的袭击。

骆驼

136

黑白花奶牛是最有名的奶牛。一头牛通常每天能挤4~5升的牛奶。给它们听音乐后，可以产出更多的牛奶！

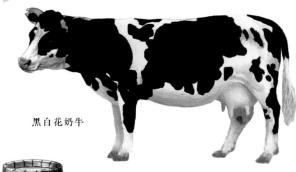

黑白花奶牛

驴

137

兔子的品种多，它们一年繁殖可以多达12次。仔兔刚出生就像一个肉团，没有毛，而且眼睛也是闭着的，大约10天后才能睁开眼睛。

兔子

138

驴形似马，多为灰褐色，头大耳长，躯干较短。它们非常勤劳，但是不如马聪明。

84

哺乳动物

美利奴羊的羊毛细长而卷曲，是世界上最好的羊毛。在古代，羊毛被视作非常珍贵的商品，一个拥有成群美利奴羊的农场主就像一个君王那样富有。

猪

猪大多生活在猪圈里，基本上什么都吃。它是唯一不出汗的哺乳动物，所以天气炎热的时候必须到潮湿阴凉的地方来调节体温。如果在太阳下晒太长时间，它的皮肤会受到伤害。

美利奴羊

85

家养哺乳动物

狗

141

狗在宠物中是出类拔萃的，哪里有人，哪里就有狗。它们被称为"人类最忠诚的朋友"，也是人类最早驯养的动物。正常情况下狗的寿命为10~15年，平均寿命在12年左右，最长约20年。

仓鼠

142

仓鼠体长约28厘米，是一种很强势的独居动物，同时也是一种很受欢迎的宠物。1930年在叙利亚发现一窝12只都是金黄色、体长12厘米的仓鼠。现在所有的黄金仓鼠都被当作宠物来饲养。

哺乳动物

143

每种猫的鼻子、叫声和呼噜声各不相同！如果你仔细看猫的脸，脸两边都有四根的胡须，当它准备去攻击的时候，胡须会向后移动。如果你家里的猫生病了，千万不要给它喂"阿司匹林"，因为这对它是致命的。

猫

据说英国人认为黑色的猫能给人们带来好运。

87

亚洲哺乳动物

猩猩

长鼻猴

 **144**

猩猩也叫人猿，它们大多时间都在树上。它们很聪明，会使用工具来寻找食物。雄性猩猩老年后脸稍微有点变形：两颊变大，脸上皮肤变成蓝色。

 146

长鼻猴顾名思义有长长的鼻子，它可以在树上灵活地跳跃，而且还是一个游泳高手，常穿过河道等找食物或者紧急逃生。长鼻猴是东南亚加里曼丹的特有动物，是濒临灭绝的保护动物。

 **145**

大熊猫生活在中国四川、陕西和甘肃的山区。大熊猫的食性最为奇特和有趣，因为它几乎完全靠吃竹子为生。目前野生大熊猫仅剩1600只左右，是中国国家一级保护动物！

大熊猫

哺乳动物

147

印度犀牛的身上似乎披着护身甲，皮肤分成一块一块的，它和爪哇犀牛一样，仅有一个角。印度犀牛喜欢单独生活，栖息在高原草地、芦苇地和沼泽草原地区，每天食用大量的植物。

印度犀牛

148

雪豹栖息于海拔2000~6000米的高山裸岩、高山草甸、高山灌丛和山地针叶林中。它的肤色可以和周边环境完美地融为一体。雪豹可以捕食比自身大3倍的动物！它的尾巴很长，可以裹住身体用来保暖。

雪豹

澳大利亚哺乳动物

149

袋鼠是澳大利亚最具代表性的动物之一。它们不会走路，只会跳跃，过着群居生活，由年长的雄性当首领。袋鼠是食草类哺乳动物，吃植物的根茎等，每天要花费8个小时来进食！它们大多在夜间活动，偶尔在清晨或傍晚活动。

袋鼠

哺乳动物

考拉生活在澳大利亚的桉树上，仅在换到另一棵树的时候才会下到地面，它们爬树、跳跃，用爪子抓住树干，然后爬上去。考拉用自身的气味来标记其领地，一般在夜间活动。

澳大利亚野狗

澳大利亚野狗非常类似于狼狗。几千年来澳大利亚原住民一直想驯化它们，可直到现在澳大利亚野狗仍然只有野生的物种。

考拉

澳大利亚哺乳动物

鸭嘴兽

152

鸭嘴兽是一种最原始的，且未完全进化的哺乳动物，虽然以乳汁哺育幼仔，但不是胎生而是卵生。鸭嘴兽走起路来像爬行动物，会游泳，可以挖长达30米的洞穴！你知道吗？雄性鸭嘴兽的后腿有一根有毒的骨刺，可以用于抵御敌人。

哺乳动物

153

针鼹是最原始的哺乳动物之一。它是一种有着长嘴喙，无牙而多刺的"食蚁兽"。针鼹的寿命可能超过50年，它们把蛋产在地下，并埋藏起来。针鼹的身体不可长时间暴露在阳光下，否则会因为过热而死去。当遇到危险的时候，它们会将身子埋进土里以保护自己。

针鼹

袋獾

154

袋獾是袋獾属中唯一未灭绝的物种，体型与一只小狗差不多，但肌肉发达，十分壮硕。其特征包括：黑色的皮毛，遭遇攻击时分泌出臭味气体、发出刺耳的叫声。除捕食外，袋獾也进食腐肉。它们通常单独行动，但有时也与其他袋獾一起进食。

耐渴哺乳动物

虽说水是生命之源，但一些哺乳动物可以不用喝水，而有一些则长期不需要喝水。

195

考拉从不喝水，它通过食用桉树叶来获取水分。它们只吃桉树的树叶、树皮和果实。你知道吗？食用桉树叶对绝大多数动物而言是危险的。

考拉

单峰骆驼

双峰骆驼

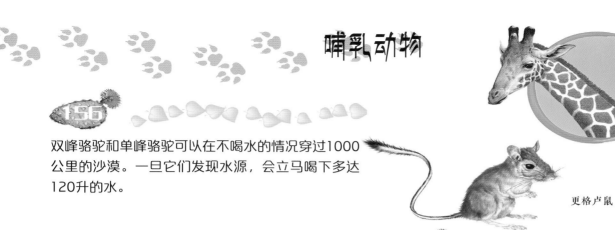

哺乳动物

156

双峰骆驼和单峰骆驼可以在不喝水的情况穿过1000公里的沙漠。一旦它们发现水源，会立马喝下多达120升的水。

158

更格卢鼠生活在沙漠中，这样的环境中没有任何可饮用的水源，但是它们吃的种子可以提供它所需要的水分。

更格卢鼠

157

羊通常喝积水，因为流动的水会吓到它们。

159

袋鼠可以长时间不喝水，通过食用植物来获取水分。但是当它们找到水源，能够在几分钟内喝下8升的水。

袋鼠

掠食性哺乳动物

160 你知道吗？在狮群中由母狮负责捕猎，公狮通常是不去捕猎的。如果有其他动物攻击捕猎的母狮，其余的狮子会一起保护它。与此同时，公狮负责保卫它们的领地。它们最喜欢的猎物是羚羊和斑马。

161 猎豹通常会在大草原的隐蔽处寻找猎物。当它发现一个猎物，就会开始仔细观察地形和猎物的动向，然后悄悄接近猎物，当距离小于30米的时候，会突然加速开始进攻。

母狮

雄狮

猎豹

哺乳动物

162

老虎悄悄地盯着它的猎物，慢慢地接近，然后紧紧抓住猎物。它用前爪抓住猎物，然后咬住猎物的喉咙或颈部。老虎的牙齿是非常可怕的，咬合力有450公斤。

老虎

狼

163

狼是群居动物，它们擅长合作捕食，且捕食对象非常多。捕食时狼群按计划行动，分工合理，而最后的围捕则是捕食成功的关键。狼通常在夜间捕食，它们的战略是连续地追击猎物，直到猎物精疲力尽。一只狼为了寻找猎物，一个晚上可以行走100公里！它们通过嚎叫互相沟通，而捕食时的嚎叫也可用以恐吓猎物。

哺乳动物的秘密武器

穿山甲

164

穿山甲自额顶部、背部、四肢外侧，到尾背腹面都覆盖有大面积的瓦状鳞片。当遇到危险，它会蜷缩成球状，并利用肌肉让鳞片进行切割运动。穿山甲出生时，身上的鳞片是软的，之后鳞片会越来越硬。

臭鼬

165

臭鼬通常利用放出的恶臭气味来驱逐敌人。在它们尾巴底下，有两个分泌奇臭液体的腺体。当遇到敌人的时候，臭鼬会反转身体，对着敌人，像喷气式飞机一样从尾巴喷射出恶臭的液体，其强烈的臭味在800米以内都能闻到。

哺乳动物

166

当受到威胁时，刺猬会将自己蜷缩成一个刺球，以避开眼前的危险。这个时候它会变成一颗有着16000根刺的刺球。

刺猬

167

狐猴和臭鼬一样以放出的恶臭气味来驱逐敌人。狐猴的尾部有可以产生异味的腺体，当敌人攻击它们的时候，会释放出恶臭的气体，并且气味持久。这些狐猴只生活在非洲的马达加斯加群岛上。

狐猴

角、獠牙和刺

黑犀牛

绵羊

168

黑犀牛体长约3.5米，高1.5~1.7米，尾长约70厘米，体重约1.8吨，鼻端有2个角，前后排列，前角长70~90厘米，后角长不足40厘米。它们栖息于森林与草地的过渡区，一般是茂密的多棘灌丛或刺槐灌丛地区，白天在树荫下休息，天气炎热时在泥水中滚来滚去。黑犀牛素有脾气不好的恶名，有时会攻击车辆、人和营火。短距离奔跑时速约45公里，最高可达52公里。

169

雄绵羊的角可长达120厘米，且坚硬有力，它们用角抵抗对手并保护自己。在交配季节，雄绵羊为了寻偶彼此争斗。从它们斑驳的角可以看出，这些雄绵羊大多参与了无数次争斗。

170

你知道吗?大象的长牙给它带来巨大危机。多年来，人类一直在追杀大象猎取长牙，因为象牙被人类视为一种贵重的商品。19世纪末到20世纪初，每年都有5万头大象被猎杀。

哺乳动物

剑羚

171

剑羚有鬃毛和尾毛，面部和前额有黑色斑块，眼的两侧各有黑色条纹，身上和腿上有黑色斑纹。雌雄都有角，角长而尖，或直或曲。由于人类过度捕杀，它们已被列为濒临灭绝的动物。

豪猪

172

豪猪是一种长着长刺的动物，身上的刺可以长达70厘米！当豪猪刚刚出生的时候，身上的刺是白色的，成年后变成黑白相间的。豪猪的刺可用来御敌，当有捕食者攻击的时候，其长刺可以竖立起来，让身体看起来有之前两倍那么大。如果敌人还不知难而退，它就会调转身体，背对捕食者，并且倒退将长刺刺向捕食者。

哺乳动物的外套

黑豹

你知道吗？黑豹实际上是变异个体。在一窝普通的豹子幼崽中也可能出现全黑的小豹子，其形态与正常的豹或美洲豹相同。

173

174

北极熊的毛不是白色，而是透明无色的、空心的，阳光在其中折射了之后看起来是白的。这种空心的毛可以防水隔热，因此北极熊才能生活在寒冷的极地。北极熊的皮肤是黑色的，黑色的皮肤可以吸热，帮助它吸收太阳的热量以维持体温。

豹子

美洲豹

北极熊

哺乳动物

老虎

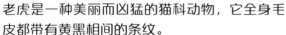

175

老虎是一种美丽而凶猛的猫科动物，它全身毛皮都带有黄黑相间的条纹。

176

麝牛是毛最长的哺乳动物，它们最长的毛可以超过1米。当这种动物处于危险之中时，雄性的麝牛会围成一个圈，将幼崽围在圈内保护起来，以免受到伤害。

麝牛

斑马

177

斑马身上有黑白相间的条纹。每只斑马的条纹看似相似却都不同，这能让它们分辨彼此并且利于伪装。斑马一直没能被驯服。

哺乳动物的清洁方法

鹿

178

鹿通过蹭树皮来去除身上的死皮。

179

猫是很自恋的，它们会花费一天中三分之一的时间来给自己做"美容护理"，比如梳理毛，清洁腿、牙齿，用前爪擦擦胡子等。猫的舌头上有许多粗糙的小突起，可以去掉身上已脱的毛，通过唾液来保持毛的光泽和柔软。

猫

哺乳动物

猪

猪总是脏兮兮的，它们常在泥水里打滚。但你知道吗？这可以让它们的身体降温，并清除附着在皮肤上的寄生虫。

黑猩猩是灵长类动物，会为彼此清洁卫生。你知道吗？彼此清洁卫生是它们维护社会关系的基础呢。在灵长类群体中总是有一个头领，其余的同类会分担它的卫生清洁，为它清除寄生虫。而雄性黑猩猩为雌性黑猩猩清理卫生则是一种求爱的表现。

黑猩猩

不可思议的建筑师

河狸

182

河狸可以在河流中建造洞穴。它是最厉害的建筑师之一，并且在夜间工作！它用牙齿将树枝咬断成大概30厘米长的枝条，然后把枝条沿着河边运到要建造洞穴的地方，接着筑起小水坝，并在水坝四周围起静水区，以方便建造洞穴。河狸的洞穴通常有两间"卧室"，一间"客厅"和一个"仓库"。洞口是淹没在水下的，这样就是在冬天江面结冰的时候，它也能进入洞穴。遇到危险时，它会用尾巴用力地击打水面，以此来警告同类。

183

鼹鼠也是一位建筑专家，前脚大且向外翻，拥有强有力的爪子。这有助于挖土，它挖的洞穴可以达到150米长、5米深。鼹鼠在巢穴的两旁储备树叶和昆虫以备食用，每天需要吃掉自身体重3倍重的食物，而且大部分的时间鼹鼠都待在地下。

你知道海狸为什么把它们的牙齿磨平吗？如果不磨的话，它的牙齿会继续生长，对下巴造成伤害。

哺乳动物

184

狗獾挖掘的洞穴可以长达20米，可供几代居住。它那短而有力的腿部是掘土的有力工具，非常适合挖洞。在挖洞的时候它会闭上眼睛和屏住呼吸，这样就不会让泥土进入眼鼻！它会偷吃蜂巢里美味的蜂蜜和蜜蜂幼虫，而且它的皮毛很厚，不怕蜜蜂蜇咬。狗獾住在树林里，是夜行性动物。

狗獾

鼹鼠

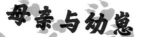

母亲与幼崽

185

雌性豹子会将年幼的小豹子藏好后再去捕猎，从不会让它们独自逗留超过一天。每隔三四天雌性豹子就会把小豹子叼走，换一个新地方。

豹子

186

鸭嘴兽是很特别的。雌性鸭嘴兽一个月怀孕后产下一两个蛋，然后孵化10天左右。当"小宝宝"破壳而出后，鸭嘴兽妈妈用母乳喂养"小宝宝"三四个月。有时它不得不离开"小宝宝"去寻找食物，但最多过一天半的时间它就会回到"小宝宝"身边。

鸭嘴兽

哺乳动物

袋鼠刚出生的时候身长不到2厘米，重量仅为1克，就像一枚硬币那么大！袋鼠宝宝实在太小了根本没法在外面生存，袋鼠妈妈只能把它放在育儿袋中呵护八九个月。这个育儿袋里有乳房可以给宝宝提供乳汁。袋鼠从出生到成年，它的身体会增大6万倍。

188

母袋鼠在生完小袋鼠后可以马上怀孕，但是一直到小袋鼠出袋前新胚胎都不会发育。当雨水不足，食物缺少的年份，母袋鼠也不会让体内的胚胎发育。

189

蓝鲸宝宝是所有动物宝宝中体型最大的，它一出生就重2500公斤，长5米！你知道吗？它每天需要喝600升的奶水，一周内体重会增加一倍。

袋鼠

贪睡的哺乳动物

190

考拉是哺乳动物中的贪睡鬼，它们每天都要睡22个小时！

191

你可知道吗？很少有动物可以像人类一样躺着睡觉。

192

树懒也不甘示弱，它们每天睡18个小时。

193

猫通常每天睡16~19小时。小猫也很嗜睡，但等它们成年后往往睡得很浅。

树懒

猫

考拉

哺乳动物

海豚

194

大象可以站着睡觉，但不能睡很长时间。

大象

195

海豚可以睁一只眼闭一只眼地睡觉，这使它们的一半大脑可以继续工作，保持对外界的警惕。海豚妈妈在宝宝出生后是不睡觉的，因为海豚宝宝随时需要妈妈的帮助。

196

长颈鹿每天睡觉的时间只有两小时，并且大部分时间是站立着，处于假寐状态。由于脖子太长，它们睡觉时常将脑袋靠在树枝上。

长颈鹿

鸟类

鸟类

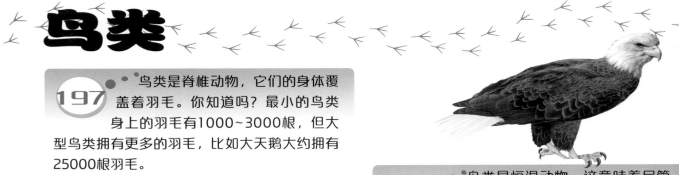

197 鸟类是脊椎动物，它们的身体覆盖着羽毛。你知道吗？最小的鸟类身上的羽毛有1000~3000根，但大型鸟类拥有更多的羽毛，比如大天鹅大约拥有25000根羽毛。

199 鸟类是恒温动物，这意味着尽管环境温度变化，它们的身体温度也保持恒定。

198 全世界目前所知的鸟类有9000多种。

200 鸟类的视觉非常发达。它两侧的眼睛是彼此独立的，眼睑有三层。

201 鸟类是卵生的，也就是说，它们通过产卵繁殖。不同的鸟类的产卵数量都不尽相同。

202 始祖鸟，它曾被认为是至今发现的最早、最原始的鸟类，后来发现孔鸡与辽宁鸟比它更早。始祖鸟生活在侏罗纪晚期。

大型鸟类与小型鸟类

203

世界上最大的鸟类是鸵鸟。成年雄鸵鸟的身高可达2.5米，体重约120公斤。雌鸵鸟比雄性个体稍微小一些。你注意到了吗？它们的翅膀太小，在空中无法承受自身的重量，所以鸵鸟不会飞。

灰颈鹭鸨

鸵鸟

蜂鸟

204

你有没有听说过灰颈鹭鸨（lù bǎo）？它是世界上能飞行的体重最大的鸟类，成年雄性灰颈鹭鸨长约110厘米，高60~90厘米，重12~18公斤。这种鸟生活在非洲南部和东部。

205

你知道蜂鸟是世界上最小的鸟吗？它的身长仅有5厘米。此外，它还是唯一一个可以向后飞行的鸟类。它能够快速地扇动翅膀，每秒可达到80次。

鸟类

206

在海洋上空翱翔的最大鸟类是信天翁，这种鸟类的翅展最长可达3.5米。在碧海蓝天的映照下，信天翁自由翱翔的场面多么壮观呀！

207

安第斯秃鹰是山地上最大的飞行鸟类，主要生活在安第斯山脉，以腐肉为食，所以它们始终飞翔在高空寻找被苍蝇盘绕的动物尸体。它们的翼展长达3米，体重为9~12公斤！安第斯秃鹰是一种生命力顽强的鸟类，因此被认为是力量和健康的象征。

信天翁

安第斯秃鹰

鸟类中的速度冠军

208

燕鸥可以长时间飞行，是动物中的"飞远冠军"，可以轻易从南极洲飞到北极地区。在此期间，燕鸥吃睡都可以不着地，只有在繁殖的时候才到地面上。

燕鸥

209

你知道有一种不能飞的鹦鹉吗？它就是鸮鹦鹉，新西兰的一种夜行鸟类，身长约为65厘米，体重为1.5~4公斤。这种鹦鹉极为稀少，几近灭绝，目前已知只有100多只。

游隼

鸟类

秃鹰

210

秃鹰是一种滑翔非常厉害的鸟类，它可以在不动翅膀的情况下顺着气流飞行100公里。

211

游隼是飞得最快的鸟，它的飞行时速可以达到385公里，这速度有赛车那么快！这种鸟类可以在飞行中捕食其他鸟类，如果陆地上有一种动物也可以这个速度捕猎，其他动物估计难逃其口。

212

鹬鸟是一种飞得最慢的鸟类，它生活在美洲。它的飞行时速在5公里左右，一个成年人的步行速度都比这个速度快。

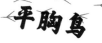

平胸鸟

平胸鸟属于平胸鸟科。这种鸟类不能飞，它的祖先曾有飞行能力，但是随着时间流逝，它的翅膀逐渐退化，最终丧失了飞行功能。这科目的鸟类有鸵鸟、美洲鸵、鸸鹋、鹤鸵和几维鸟。

美洲鸵鸟

213

鸸鹋

鸵鸟

鸵鸟、鸸鹋和美洲鸵鸟是长得非常类似的鸟类，它们很适合在草原上生活，是草原上的速度冠军，各自生活在不同的地方。鸵鸟生活在非洲和美洲，奔跑时速可达70公里，并且可以用这样的速度跑很长的距离。鸸鹋是澳大利亚最大的鸟，也是世界上第二大的鸟，奔跑时速可达50公里。美洲鸵鸟生活在南美洲，时速达到60公里。

鸟类

214

几维鸟是夜猫子，白天睡觉或躲在隐蔽的地方。它的身体看起来像一个球，你看到它长而细的嘴巴了吗？这使它成为了一个非常完美的捕食者，觅食时用尖喙灵活地刺探，末端的鼻孔可嗅出猎物的位置，进而捕食。

几维鸟

215

鹤鸵是一种独居的鸟，它的脾气暴躁并具攻击性。每只鹤鸵都坚决捍卫自己的领地不被侵犯。它的羽毛乌黑发亮，栖息在大洋洲的热带雨林，非常擅长游泳。

鹤鸵

丛林鸟类

金刚鹦鹉

216

金刚鹦鹉是一种羽毛鲜艳的鸟，它们生活在南美洲的丛林中。金刚鹦鹉是社会性鸟类，喜欢成对活动，经常聚集成10~30只的小群，繁殖期可见到40只以上的群体一起活动。你知道吗？它们大部分时间都在整理自己的羽毛！

鸟类

217

巨嘴鸟生活在南美洲的丛林中，它们有一个非常小的胃，以水果和蔬菜为食，偶尔也会吃昆虫的幼虫、雏鸡和爬行动物。它们的羽毛非常柔软、黝黑，且非常有光泽。

巨嘴鸟

犀鸟

218

犀鸟是一种生活在非洲浓密丛林中的鸟。它们有很好的社交能力，一般成对生活，并能和谐地与同类或其他鸟类一起生活。它们在地面上行走艰难，但在树枝间飞行时却非常灵活。犀鸟能够模仿其他鸟的叫声，当它们飞行的时候会发出多种叫声。

萨凡纳森林鸟类

秃鹫

219

蛇鹫也叫秘书鸟，它们是捕食蛇和小型哺乳动物的专业"猎人"。摄影师曾拍摄到蛇鹫捕食蛇和小型哺乳动物时的照片，它们可以将整条蛇或小型哺乳动物吞食！它们生活在非洲丛林里。

220

秃鹫是欧洲最大的天空"清道夫"。秃鹫花费大量时间寻找动物的尸体，当找到食物的时候，它会盘旋着从天空俯冲到地面，这也是在告诉同伴们可以休息一下了，已经找到食物了。秃鹫大多生活在稀树草原和森林。

蛇鹫

124

鸟类

221

山雀是一种体型很小的鸟，体长只有14厘米，和一根圆珠笔差不多长。它的巢穴是倒挂在树上的，生活在靠近城镇的茂密森林中。

山雀

222

那些树木的树皮下隐藏着许多昆虫。啄木鸟通过用喙敲击树干，寻找昆虫，一旦找到，就会在虫孔正上方啄出一个小孔。通常情况下昆虫不容易逃脱，因为啄木鸟的喙又长又尖又硬，能一直插进坚硬的树干里面。而它的舌头又长又细，表面还会分泌黏液，让昆虫无法挣脱。你知道吗？啄木鸟啄树干的瞬间时速可达21公里？它的喙在啄树干的时候，就像是一把凿子。

啄木鸟

山区鸟类

秃鹰

秃鹰能捕食有厚实的外壳保护的猎物，并吃到其嫩肉及软骨。秃鹰一般会抓住带有外壳的猎物飞上天空，然后把它从高空抛下，让猎物撞击岩石而破裂。

老鹰是最好的"猎手"之一，它可以看到一公里外的老鼠和两公里外的野兔！它是一个可怕的捕食者，其猎物还包括鹿、旱獭和海龟。

老鹰

鸟类

乌鸦

225

乌鸦习惯在高空盘旋，寻找动物的尸体。它一旦发现食物，会立刻把翅膀和晃来晃去的脚收好，然后俯冲下去。它能发出低而有力的叫声！乌鸦能活到近80岁。

226

红翅旋壁雀住在山林的峭壁上，但在峭壁上却很难发现它的身影的，因为其羽毛的颜色可以很好地跟环境融为一体。你知道这个峭壁上的攀援专家吗？

红翅旋壁雀

鸟类中的夜猫子

猫头鹰

227

猫头鹰是夜间的"森林猎人"，它栖息在树木间，倾听着周围的任何声音。猫头鹰的羽毛非常柔软，翅膀羽毛上有天鹅绒般密生的羽绒，因而它飞行时产生的声波频率很低，一般哺乳动物耳朵是感觉不到那么低频率的声波。这种"无声"的飞行使猫头鹰的进攻更有效率。据研究，猫头鹰在追击猎物时，能根据猎物移动时产生的声响，不断调整方向，最后出爪，一举奏效。它最喜欢的猎物是老鼠和兔子。猫头鹰的头可以近360°旋转！虽然它有一双大眼睛，但只能通过转动头部来移动视线，它的体长约50厘米。

雪鸮

228

雪鸮是一种大型猫头鹰，头圆而小，嘴的基部长满了刚毛一样的须状羽。它的羽色非常美丽，通体雪白，有的也布满暗色的横斑。雪鸮生活在北极地区，偶见于荒地丘陵，以鼠类、鸟类、昆虫为食。猫头鹰一般都在夜晚出来捕食，而雪鸮白天黑夜都可以出来活动，雪鸮一年产12颗蛋，雌雪鸮在巢中孵蛋时，雄雪鸮担负觅食和护家的任务。

鸟类

草鸮

229

草鸮属中型猛禽，面盘扁平，呈心形，羽毛为白色或灰棕色，四周有暗栗色边缘，似猴脸，长满绒毛，一双深圆大眼，嘴喙呈黄褐色且不尖，故也叫"猴面鹰"。它主要以鼠类和野兔为食，偶尔捕食中小型鸟类、青蛙、鱼和较大的昆虫等。捕猎时采取突然袭击的方式，同时发出尖利的叫声，使猎物陷于极度恐怖之中，束手就擒。

230

马努斯草鸮是另一种草鸮，其身长可达35厘米。也是主要的"夜间猎人"，它通常在黄昏和夜晚捕食啮齿类动物。你可以通过它的脸形来区分种类。你是否看到它那桃心形的脸？

水鸟

天鹅

231

天鹅是最美丽的水鸟之一，也是一种冬候鸟，喜欢群栖在湖泊和沼泽地带，主要以水生植物为食。大多数天鹅是白色的，但在澳大利亚有一种黑天鹅，它有红色的喙和带有白色斑点的翅膀。天鹅终身只有一个伴侣。

232

白鹭生活在湖泊或沼泽等水域，喜欢停留在树上，或在岸边植被中休息。白鹭通常是形单影只的，但在繁殖季节，会成群聚集在一起。

火烈鸟

233

火烈鸟生活在咸水湖、沼泽、泻湖、河口及三角洲地带，过着群居生活，成群的火烈鸟可多达百万只！你见过火烈鸟的爪子吗？火烈鸟的趾间有蹼，可以防止它陷入淤泥。

白鹭

鸟类

234

鸊鷉（pì tī）是一种奇怪的鸟，因为它在水中比在陆地上更灵活。鸊鷉在陆地上不会行走，只能通过伸缩肚子来移动，然而在水中，它可持续追捕猎物达50~60米，还可以长时间潜水。

潜鸭

鸊鷉

235

潜鸭可以在几米深的水中停留50秒。如果你仔细观察，你会发现，成年潜鸭带领小潜鸭外出的时候，小潜鸭们跟在后面，一旦有任何危险成年潜鸭会张开羽翼让小潜鸭们躲在里面。

海鸟

燕鸟

236

燕鸥是在海岸水域边常见的鸟类。这是一个伟大的"渔夫"，它有多种不同的捕鱼方法。通常燕鸥只触及水面捕捉猎物，偶尔会全身入水，还可以潜到水里相当长一段时间来捕捉猎物。燕鸥不能在水里游泳，但它的翅膀非常有力，可以轻松离开水面。

237

你注意到鱼鹰的脚了吗？鱼鹰的脚趾间有蹼相连，非常适合游泳和潜水，还可以减弱捕捉猎物时对猎物的冲击感，在猎物不易察觉时将其捕获。

238

海鸥是大海的拾荒者，它们经常跟随渔船追赶那些被扔到海里的残食。此外，海鸥也会在城市的垃圾场里、农村的田地间觅食，当然了，它们也会自己捕食。

鱼鹰

海鸥

鸟类

239

鸬鹚生活在水岸边，比如湖泊或海岸边，通常以捕鱼为生。它们可以在水下10米深处潜泳一个多小时！它们的羽毛不防水，只能在身体露出水面后展翅晾干。你知道吗？它们喜欢在悬崖边或是树上筑巢。

鸬鹚

海鸠

240

海鸠生活在太平洋及大西洋北部，善于潜水捕鱼。它们选择在悬崖边缘繁衍后代，一般每次仅产一卵，非繁殖期很少上岸。

133

寒带鸟类

企鹅不会飞，但却是游泳健将，它们大部分的时间都在水里度过。企鹅用两只脚一摇一晃地走路，也会像穿着雪橇一样滑行。它们生活在南极洲，羽毛和皮肤下有一层厚厚的用来抵御寒冷的脂肪。

企鹅

你有注意到有着金黄色脖子的企鹅了吗？这是帝企鹅，也叫皇帝企鹅。这种企鹅体型较大，身高超过1米，体重可达50公斤！雌企鹅每次只能产1枚蛋，雄企鹅负责孵蛋。雄企鹅双腿和腹部下方之间有一块布满血管的紫色育儿袋，可以让蛋保温。

冠毛企鹅

冠毛企鹅有着巧克力般的棕色眼睛，两眼旁各有一撮向上矗立的冠毛。它们分布于新西兰一带水域，主要以鱼、磷虾及乌贼为食。

帝企鹅

鸟类

绒鸭

244

绒鸭生活在北半球，它们居住在布满岩石的海岸边，你看到过它们的羽毛吗？无论雄性还是雌性的绒鸭每年都要更换两次羽毛。

245

海雀是可以用翅膀和腿游泳的"潜水员"，你注意到它的喙了吗？它一次可以用喙捕捉多达10条小鱼！在交配季节，雄性海雀的喙会变得很鲜艳，以此来吸引雌性海雀。海雀过着群居生活，迁徙季节可看见数以千计的海雀一同迁飞北半球。

海雀

家禽

农场中大量养殖家禽，通常供人们食用。

鸡是世界上农场饲养数量最多的家禽。你知道吗？一只母鸡一年大约能产下250枚鸡蛋。

小鸡就是鸡的幼崽，从鸡蛋中孵化。小鸡吃饲料、青菜、小虫及碎米成长。鸡是人类饲养最普遍的家禽。家鸡源于野生的原鸡，其驯化历史至少有4000年，但直到约1800年前后鸡肉和鸡蛋才成为大量生产的食品。

母鸡

小鸡

鸟类

公鸡

鹅是非常优秀的"农场守护者"，只要有轻微的响动，它就开始大叫，并惊动农场的主人。它们是杂食性禽类。

鹅

公鸡是鸡中称雄称霸的王者，它们好斗，有的性情凶悍。在时钟发明之前，人们把公鸡在黎明时的啼叫当作起床的信号。

宠物鸟

宠物金丝雀

宠物金丝雀只能在鸟笼中靠人喂养，如果离开笼子便无法独自生活。金丝雀的心脏每分钟跳动1000次。

鸽子在很长一段时间被当作信使以传递信件。古时，通讯技术不够发达，人们无法快速传递信息的，信鸽被挑选作为国家与国家间、人与人之间重要的交流工具。它们飞得非常快，而且拥有敏锐的方向感、辽阔的视野和超强的记忆力，可以轻松辨别去过的地方。它们可以在飞行几百公里后找到回家的路。

鸽子

鸟类

鹦鹉可以发出很多种声音，甚至学人们讲话，所以它们成为一种很时尚的宠物。鹦鹉最早生活在热带地区，习惯于对所有听到的声音作回应，如救护车的笛声、婴儿的哭泣声、电视机声音……非洲灰鹦鹉是所有鹦鹉中最善于模仿的。

鹦鹉

虎皮鹦鹉是一种原产于澳大利亚的鹦鹉，现在已成为非常普遍的宠物。这是一种非常聪明的鹦鹉，喜欢模仿各种声音，比如吹口哨，尤其是其他鸟类的声音。

虎皮鹦鹉

鸟类的外套

254

信天翁的羽毛颜色会变化，在它成长的过程中，羽毛会由黑褐色逐渐变成白色。如果你看到一只白色的信天翁，说明它的年龄较大了。

信天翁

255

火烈鸟是非常美丽的鸟类，它高大、修长，还有一身美丽的粉红色羽毛。它的那双长腿可以让它的羽毛不容易变脏。它的羽毛如此鲜艳是因为食用了碱性甲壳类食物。

火烈鸟

256

你是否有注意到翠鸟的羽毛颜色？那是一种是漂亮的类似金属色泽的蓝色？相传它之前的羽毛是灰色的，诺亚方舟世纪大洪水时它飞速离开，夕阳染了它的肚子的颜色，天空又赋予它这种蓝色。

翠鸟

鸟类的外套

257

秃鹰类似泥土颜色的羽毛并非它原本的颜色，而是因为它在地面时常用身体与地面摩擦，让羽毛染上了泥土色。

老鹰

秃鹰

鸟类

258

你注意到了老鹰的腿了吗？它们的腿上都长有羽毛，看起来就像穿着裤子！你知道吗？自古以来老鹰就是勇气和力量的象征！

老鹰

259

雄性天堂鸟通过羽毛的颜色吸引异性。大部分雄性天堂鸟色彩缤纷，具有华丽的饰羽。天堂鸟那极其华丽的外表使人产生许多遐想，相传它们是来自天堂的小鸟。

天堂鸟

143

奇特的嘴

260

巨嘴鸟引人注目的不只是身上的羽毛，喙也是一大特色。20厘米长的喙有着鲜艳的颜色，令人意外的是这么大的喙却十分灵活。巨嘴鸟的喙具有很大的用处，可用于摄取食物、抵御外敌、吸引异性……但是，却不能用于筑巢。

火烈鸟

巨嘴鸟

261

犀鸟最大的特征就是它巨大的喙。除了采摘果实，雄性犀鸟还将喙作为吸引异性的利器。

犀鸟

鸟类

262

火烈鸟的喙是理想的觅食工具。觅食时头往下探，嘴倒转，将食物吮入口中，舌头把多余的水和不能吃的渣滓滤掉排出，然后徐徐吞下。

苍鹭

264

你知道吗？苍鹭在繁殖季节会改变羽毛的颜色，通常会变成粉红色或红色。

玫瑰琵鹭

263

玫瑰琵鹭用它的喙在水下捕食螃蟹和小鱼。

鸟类求偶

雄孔雀通过展开其漂亮的尾屏并发出特殊
的声音来吸引雌孔雀。它的尾屏主要由
尾部上方的覆羽构成，这些覆羽极
长，羽尖具彩虹光泽的"眼圈"，
周围呈蓝色及青铜色。孔雀的飞翔能力不是
很好，因为它有点重，翅膀也没那么强劲。

雄性金鸻（héng）可以不停
地翻滚！在交配季节，雄性金
鸻通过这种方式在雌性金鸻面
前展示自己的活力。

金鸻

孔雀

鸟类

燕鸥

267

有一种动物在求爱之前雄性会给雌性准备一份礼物，这种动物就是燕鸥。一旦雌性燕鸥接受了礼物，这对"夫妻"就会在空中以"特技飞行"式的表演和鸣叫来开始它们的"婚礼舞蹈"。

268

雄性沙鸡在交配的季节有吸引异性的特殊办法。雄性沙鸡会爬上一棵大树发出类似鼓点的声音，这种"鼓声"响彻整个森林，足以吸引异性。它不是单一的声音，而是多种声音混合，是沙鸡通过煽动翅膀发出的。

沙鸡

鸟巢

春天，大多数鸟类开始筑巢并孵化它们的下一代，并照顾下一代直到它们可以独立生活。

269

你知道有把巢搭建在地下的小鸟吗？它就是蜂虎鸟。蜂虎鸟把巢穴搭建在靠近河流的泥洞里，或者山地的壁洞中。它们的巢穴非常深，可以达到3米，每一个"房间"都非常宽敞，每对蜂虎鸟都有相应的"房间"，它们会把蛋产在自己的"房间"里。

蜂虎鸟

270

一些生活在新西兰的海鸟用独特的方法清理巢穴。它与爬行动物喙头蜥和睦相处，并通过喙头蜥吃掉一些进入巢穴的昆虫，从而保持巢穴的清洁。

鸟类

犀鸟

271

犀鸟在树洞筑巢，而且它们的繁衍方式很独特。雌性进入树洞产卵后，雄鸟从外衔回泥土，雌鸟就吐出大量的唾液并掺进泥土中，同时掺杂树枝、草叶等，把树洞封起来，仅留下一个能供雌鸟伸出喙的小洞。这样雌鸟在孵化期间就不用担心天敌来犯，安心地孵化自己的小宝贝，雌鸟的饮食完全由雄鸟负责，雄鸟把食物从小洞中给雌鸟，孵化期共为40天。在新生命孕育的最初几个月都是这样，也就是说雌鸟将被封闭在巢里三四个月。

272

缝叶莺以它们独特的筑巢法而闻名。缝叶莺做窝就像裁缝在缝制，它们以大片的植物叶（两片或更多的小片叶子）卷曲缝合而筑巢，用细长的嘴在叶边上穿一排小孔，再将植物纤维、昆虫丝，穿过小孔构成单独的圈，在外边打结，直至叶子形成一个口袋的形状。缝叶莺把巢系在树上。雌鸟筑巢快速，而且窝内较干净，它们还会在窝内放入苔藓和其他鸟类的羽毛。这种鸟生活在喜马拉雅山脉森林里。

缝叶莺

鸟巢

燕子

273

燕子每筑一个巢需要飞行1000次，它的巢是用泥团、叶片、枯草及其唾液混合而成的，巢内铺些细软杂草、羽毛、破布等，还有一些青蒿叶。每一个燕巢要用到750～1400个泥团！燕子每年春天会回到上一年筑好的巢穴中。

274

老鹰巢穴的直径可达3米，高6米！为什么老鹰的巢穴会这么大、这么高呢？老鹰把巢穴盖在很高的树上或在陡峭的岩石或悬崖边，每到一个新的繁殖季节它们都会继续给巢穴添加新枝，长年累月，因此鸟巢就变得如此巨大了。

鹪鹩

275

雌性鹪鹩（jiāo liáo）在产卵前会建造好几个巢。然后，选择一个它觉得最好的、最舒服的巢在里面生蛋和孵蛋。

老鹰

鸟类

蜂鸟

杜鹃

276

最小的鸟巢是蜂鸟的，直径约19毫米，高30毫米，只有橡皮擦的大小。

277

群织鸟只有麻雀般大小，500只群居在一起筑成世界上最大的鸟巢：重达907公斤，长6米，宽4米，厚度也有2米多。它们的巢实在太重，常常会把树都给压垮，巢内有100个小窝。更值得钦佩的是，这种鸟巢可以历经一个世纪不垮塌，是除了人类的摩天大楼之外脊椎动物群体中最大的窝。

278

杜鹃鸟是一种不筑巢的鸟类，它们将蛋产在别的鸟类的巢里，而且一般会比别的鸟类早出生。只要一出生，杜鹃雏鸟就把其他的鸟蛋推出鸟巢，让自己独自由"养父母"喂大。杜鹃鸟可以帮助人类消灭害虫，素有"森林卫士"的美称。

鸟蛋

279 你知道鸡蛋在母鸡的体内是怎样形成的吗？鸡蛋在母鸡体内的时候蛋壳是软的，很容易变形。我们知道的鸡蛋是椭圆形的，那是因为母鸡的输卵管渗入子宫时，使蛋壳膜鼓胀而呈椭圆形。以碳酸钙为主要成分的硬质蛋壳和壳内的胶护膜都是在离开子宫前形成的。鸡蛋在排出体外的时候外壳就已经变硬了。

鸵鸟

280 世界上最大的鸟蛋是鸵鸟蛋，直径约15厘米，重量超过1.5公斤！它们将由雌鸟和雄鸟共同孵育。

鸟类

281

世界上最小的鸟蛋是牙买加蜂鸟的蛋，直径不到1厘米，重量不到0.3克！你可以试想一下，在鸵鸟蛋旁边放个蜂鸟蛋是怎样个情形？

牙买加蜂鸟

几维鸟

282

按体型和产出蛋的大小比例来算的话，几维鸟下的蛋是全世界最大的蛋，其蛋相当于自身体重的1/4。雌鸟每次只产一个蛋，而孵化过程完全由雄鸟负责。你是否注意到了？几维鸟是没有翅膀的。这种鸟是新西兰的特有种。

153

鸟类的家庭

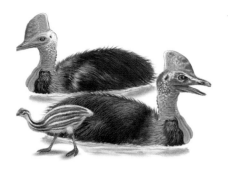

鹤鸵

283

鹤鸵是单独行动的，并且有非常强烈的领地意识，不允许其他鹤鸵进入自己的领地。只有在交配季节来临的时候才会打破这个规则，此时雌性鹤鸵可以留在雄性鹤鸵的领地上，直到下蛋后才离开，雄性鹤鸵负责孵蛋和抚养雏鸟。

284

鸵鸟照顾雏鸟有一个奇特的方式：雏鸟由雄雌成鸟共同抚育，数巢雏鸟常形成一大群，由一两只成鸟保卫。但只有约一成半的雏鸟可安全长大。这在非洲大草原是很常见的"家庭共处方式"，该生活方式将保持一年的时间，直到下一个交配季节的开始。

鸵鸟

鸟类

285

鹰

鹰的孵化期为45天左右，一两个蛋会先孵化出来，猎捕回来的食物一次只能喂食一只雏鹰，哪一只雏鹰抢得凶就给谁吃，只有当食物非常丰富的时候才有可能喂食所有的雏鹰。

鸟类的秘密武器

歪脖鸟

 286

歪脖鸟碰到危险的时候会不停地扭动脖子发出蛇一样的声音，以此来吓跑掠食者。但是这还不是它避敌的唯一策略！歪脖鸟还会以装死来欺骗猎人，当猎人以为它已经死掉的时候，它便很快地趁机飞走了。

暴雪鹱

 287

你见过这种鸟吗？这是一只暴雪鹱，是一种生活在北冰洋岛屿的鸟类。虽然它表面看起来很平和，但警惕性很高，并且有自己独特的自卫方式：如果有入侵者打扰，它会张开嘴巴，朝入侵者喷吐一种黄色液体。

鸟类

288

戴胜鸟遇到危险时会用喙进行自卫。这种鸟看起来那么美，可是身上的气味却很糟糕，因为它经常在粪堆里觅食。戴胜鸟常在地面慢步行走，边走边觅食，受惊时飞上树枝或飞一段又落地。此外雌性戴胜鸟遇到危险时，会从尾脂腺分泌出一种黑褐色油状液，其气味极其恶臭。

戴胜鸟

289

鸵鸟有强壮的双腿，常用双腿抵御敌人，它腿部的力量足以踢死一头狮子！你看到鸵鸟的眼睛了吗？它的眼睛比大脑还要大。

鸵鸟

长途旅行者

有些鸟是伟大的旅行者，一年中季节交替的时候，比如春天或冬天，它们就将更换居住地，这种鸟被称为候鸟。

北极燕鸥

290

北极燕鸥的迁徙跨度最长，它们可以从北冰洋历经40000公里，飞到了地球的另外一端！

鸟类

291

希腊喜鹊能够在20小时内飞行700公里，只要十几个小时就能够飞越地中海。秋天，希腊喜鹊需要三个月才能飞到南非；而春季，只需要两个月就能飞回欧洲。

希腊喜鹊

292

燕子在每年春天飞到北方，它们喜欢北方的春季和夏季。然而，冬季它们要飞到气候温暖的南方。燕子可以连续飞行5200公里。

燕子

奇怪的叫声

大麻鳽

293

有一种鸟的叫声像牛哞一样吗？是的，它叫起来像牛发出的声音，这就是大麻鳽，一种常见的鹭。大麻鳽一旦睡醒后，就会伸长脖子，发出牛哞一样的声音，在两三公里外都能听见。

294

母鸡的"咯咯"叫声也有着细微差别，它们想表达的意思不同，叫声就不同。

母鸡

鸟类

295

你是否感到奇怪，鸭子似乎只能发出一种"嘎嘎"的声音？到目前为止，还没科学家能解释这是为什么。

296

有没有一种鸟类的叫声听起来像笑声呢？有，它就是笑翠鸟。在黎明和黄昏的时候这种鸟会发出很响亮、很清脆的"笑声"。相传很早以前笑翠鸟是一只安静的小鸟，有一天它看到一条蟒蛇吞食了一只小鸟。笑翠鸟飞快地逃跑，因为它担心成为蟒蛇的下一个猎物。脱离危险后，它高兴得大声叫了起来，就像笑声一样，这种鸟也被人称为"猎人马丁"，它生活在澳大利亚。

笑翠鸟

水生动物

水生动物

297 大多数鱼是冷血的脊椎动物，即变温动物。也就是说，它们的体温会随着水温而变。它们的体内没有自身调节体温的机制，仅靠自身行为来调节体温或通过外界环境来调节体温。大多数鱼都有鳞，它们通过鳃呼吸。

298 人类目前已命名的鱼类将近有32000种,它们生活在淡水或咸水水域。

299 鱼是卵生的,即通过产卵来繁殖。

水生动物

300　你知道看鱼鳞能知道鱼的年龄吗？如果用放大镜看一片鱼鳞，你可以看到一圈又一圈的环，就像树的年轮一样。每年，鱼鳞上的"年轮"都在增加。

301　鱼有两种方式排解海水中的盐分：通过排尿或鳃过滤。一旦鱼类生活的海域中盐分过高，这将是厄运，它们将因无法排解身体中过量的盐分而死去。

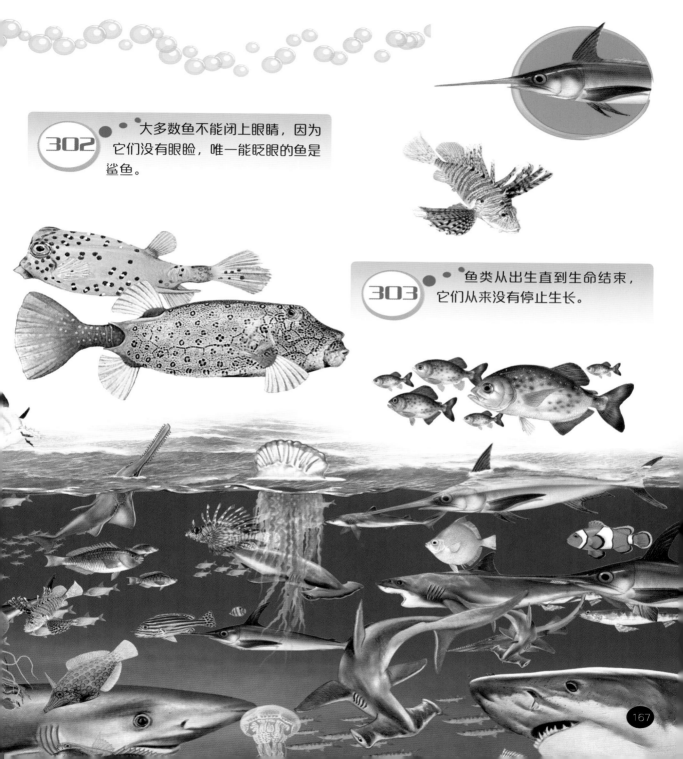

302 大多数鱼不能闭上眼睛，因为它们没有眼睑，唯一能眨眼的鱼是鲨鱼。

303 鱼类从出生直到生命结束，它们从来没有停止生长。

167

水里有什么

以下的水生动物不仅有鱼类和水生哺乳动物，还包括软体动物（牡蛎、贻贝、蛤等），头足类动物（乌贼、鱿鱼、章鱼等），甲壳类动物（龙虾、对虾等），刺胞动物（水母、珊瑚等），棘皮动物（海星）和其他生物。

海星

螃蟹

305

海星若失去部分"手臂"还会重新长出来，即使是失去一整条"手臂"，也可以再生。这似乎令人难以置信，不是吗？海星通常有5条"手臂"，甚至有6条。

304

螃蟹的生命中要经历数次蜕壳，仅在第一年它就要经历8次蜕壳。

306

你知道吗？牡蛎是雌雄同体的，它每7天变换一次性别，这是不是很神奇？

水生动物

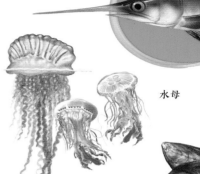

307

水母的身体是透明的，且呈凝胶状，它的主要生理成分就是水。它通过弯曲身体或伸展身体来游动，这就是它的运动方式！触摸水母时，若不小心被它蜇到是非常痛的。

水母

贻贝

308

珊瑚是由微小的海洋生物创造的，这些海洋生物留下的一些分泌物形成了神奇的珊瑚。珊瑚会形成一些枝状分支，因此它曾经被认为是海洋植物。

蛤

309

蛤、贻贝、牡蛎、鱿鱼、章鱼和乌贼都不会发出声音，但它们可以听到声音或闻到味道。

珊瑚

大型鱼类

310

蝠鲼长得像一张很大的床单，有1500公斤重。看见它的鱼鳍了吗？在全部张开的时候可以长达9米。尽管蝠鲼这么大，但它可以跳出水面，很惊奇吧！

蝠鲼

水生动物

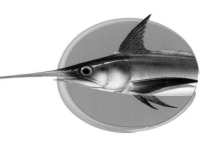

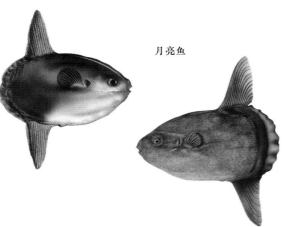

月亮鱼

311

你可以想象一个能在水中游泳的气球吗？月亮鱼就是能游泳的"气球"。它是全世界带刺鱼中最重的鱼，重达1000公斤。它的大脑非常小，一只200公斤的月亮鱼，大脑只有核桃那么大。

大型鱼类

312

大白鲨是世界上最大的鲨鱼。这种嗜血的鲨鱼体长13米，体重接近2吨。大白鲨始终半张着嘴，显露着可怕的牙齿，以威武姿势游弋在水中。它们生活在温带水域。

大白鲨

水生动物

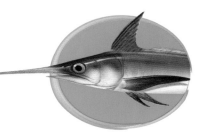

鲸鲨是已知最长、最大的鱼，全长可达20米，相当于两辆大卡车的长度。它的体表散布着淡色斑点与纵横交错的淡色斑带。如果你想要看它，可以让爸爸妈妈带你去水族馆看看。

314

鲟鱼可以长到7米长，800公斤重。它的卵可以用来做鱼子酱。

深海巨人

偏顶蛤

315

偏顶蛤是一种很大的淡菜，生长在深水中。一只普通的淡菜只能长到7厘米长，但是一只偏顶蛤可以长到20～30厘米长。你看见它的颜色了吗？不是黑色，是黄色。

316

在海底生活着一些不同品种的巨蛤。蛤的大小通常为3厘米左右，但巨蛤能达到30厘米。有些巨蛤能活200年，体重可达300公斤！这简直让人难以置信。

巨蛤

317

巨型管状虫是一种很大的蠕虫，藏身于一根白色的管中，生活在大洋底下，它可以长到2米长。这是一种很神秘的蠕虫，没有眼睛，没有嘴巴，没有胃。它进食是依靠体内无数的细菌。巨型管状虫是深海螃蟹的美餐。

巨型管状虫

水生动物

巨型鱿鱼

318

大章鱼看起来没有大鱿鱼那么壮观，但也是很让人震惊的。大章鱼一般可以重达15～25公斤，已发现的最大章鱼重达272公斤，9米长，真是只大怪物！大章鱼一般能存活3～5年，生活在大洋中。

319

巨型鱿鱼生活在1000米以下的深海水域，它们是真正的"巨人"，总长可达20米。巨型鱿鱼的眼睛就像一个充气的沙滩球，直径可达40厘米。它们游动的方式很奇特，是通过吸水然后急速吐水来使身体移动。

大章鱼

鱼类中的速度冠军

针鱼

旗鱼

321

针鱼身体呈长圆柱形，稍侧扁，体长一般200~450毫米。其尾鳍后缘呈圆形，基部有一黑斑。针鱼属于暖水性中上层鱼类，喜欢栖息于近海内湾或河口附近，为颌针鱼中个体较小的一种。

盒子鱼

320

海洋里游得最快的鱼是旗鱼，它的速度可以和汽车一样快，时速可达130公里。旗鱼喜欢吃小鱼和乌贼，它是一个以速度优势来捕猎的"极速者"。旗鱼成年后会逐渐褪去鳞片和牙齿，而在体型上雌鱼一般要比雄鱼更大。

水生动物

322

你知道吗？盒子鱼是海中游得最慢的鱼，游起来很慢很笨拙，因为它的身体很僵硬。

旗鱼

323

飞鱼可以跳很高：在水下游到一定速度时，再用尾鳍打水跳出水面，然后张开鱼鳍滑翔。它可以在水面滑翔100米。飞鱼在水下的速度可以达到56公里/时。

324

旗鱼是游泳和弹跳高手，其游泳的速度可达109公里/时。跳出水面的速度也可达100公里/时。你可以想象出一只3米长的鱼在海上跳跃的情形吗？很不可思议！不是吗？

飞鱼

177

水下的危险

蝎子鱼非常漂亮，但也非常危险。你看到它们的刺了吗？这些刺的毒性很强，如果不小心被这些刺刺到，那可是致命的伤害！这种鱼生活在海底，它喜欢在礁石和海沙里休息或隐藏在珊瑚礁中。

你知道鲀鱼的内脏是有毒的吗？尽管如此，某些鲀鱼，如河豚，在有些地方可是餐桌上的美味呢！

蝎子鱼

刺鲀鱼

178

水生动物

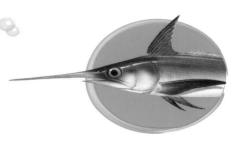

 327

海黄蜂水母是一种非常危险的水生物，一只海黄蜂水母长着60根左右的触角，每根触角有足以毒死60个人的毒素，最好不要接近它！

 328

石头鱼是自然界中毒性很强的一种鱼，它的"致命一刺"被描述为给予人类最疼的刺痛。但你很难发现它，因为它是伪装高手，看起来就像是一块海底的岩石。

329

卷须寄生鲶，又名牙签鱼，是一种非常危险的鱼。这种鱼非常小，它们可以进入到人的身体里面而不被发现，对人类危害极大。

石头鱼

最好的捕食者

梭子鱼

330

你是否注意到这条身体狭长、脑袋尖尖的鱼？它就是梭子鱼，是最可怕的珊瑚鱼之一。在捕食的时候它可以长时间一动不动，观察周围。一旦有猎物出现，它将快速出击并用锋利的牙齿捕杀猎物，把猎物撕碎，然后游回来慢慢吞食。潜水员要注意了，因为梭子鱼可能会对潜水员发起猛烈的攻击。

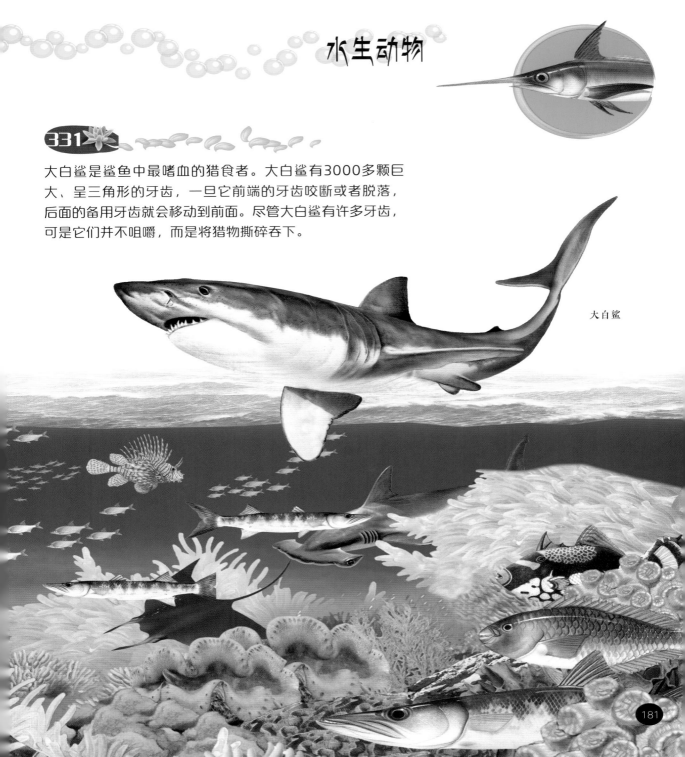

水生动物

331

大白鲨是鲨鱼中最嗜血的猎食者。大白鲨有3000多颗巨大、呈三角形的牙齿，一旦它前端的牙齿咬断或者脱落，后面的备用牙齿就会移动到前面。尽管大白鲨有许多牙齿，可是它们并不咀嚼，而是将猎物撕碎吞下。

大白鲨

最好的捕食者

锤头鲨

333

鳗鱼是危险的鱼类，它尖锐的牙齿可以大力地撕咬猎物。它的身体像水蛇一样，常隐藏在岩石之中。

332

锤头鲨是鲨鱼家族的一员。这是一种危险的动物，是捕猎专家，甚至会捕食其他鲨鱼。潜水员接近锤头鲨时，要非常小心！

鳗鱼

水生动物

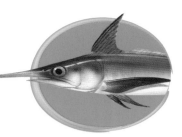

食人鱼

334

更凶狠的肉食性鱼类是食人鱼，它们从来不会孤军奋战，总是群起袭之。成百上千的食人鱼密集攻击，能在很短时间内将大型动物吃得只剩骨头。

335

你知道吗？尽管鲸鲨有超过4500颗牙齿，但实际上它性情温和，一般不会主动攻击人类。鲸鲨只吃浮游生物和小鱼。

水生动物的食谱

小丑鱼

336

水母捕食小型鱼类。当它捉到一只鱼的时候，会用身体下的小触须注射毒液来麻痹猎物，然后再用大的触须将猎物塞进嘴里。

水母

蝠鲼

337

蝠鲼靠过滤水来进食。这意味着，为了吃到食物，它需大口大口地喝水。如果你仔细观察，就可以看到在它嘴的两侧各有两个鳍，这是用来吸引小鱼和浮游生物的。

184

水生动物

弓箭手鱼

338

小丑鱼有很强壮的颚，以利于它食用那些生活在珊瑚礁上外壳坚硬的小生物，如海刺猬、蛤蜊、螃蟹、虾……为了抓住隐藏在砂砾下的动物，它会用嘴巴射出水柱来寻找猎物。小丑鱼的眼睛可以独立移动，这样就可以更好地观察周围的环境。

340

弓箭手鱼可以捕获2米之外的昆虫！弓箭手鱼在水里寻找水面上的昆虫，当锁定一个目标，就会喷射出"水弹"将昆虫击落，从而吞食它。

海星

339

海星就像是一个可以移动的胃，其食物在体外进行消化。它可以抓住任何跟它身体一样大的猎物。

185

水底的"灯"

341

蝰鱼用它那长长的会发光的触角来吸引猎物。蝰鱼还有一个长着巨齿的下颚，进食时，它会抬起头，直接将食物吞下。

蝰鱼

342

猫鱼会电击碰触它的东西，其电压可以达到300～400伏特，比我们家用电的电压还高。猫鱼产生的电是时断时续的，强壮的猫鱼可发出更大电压的电。

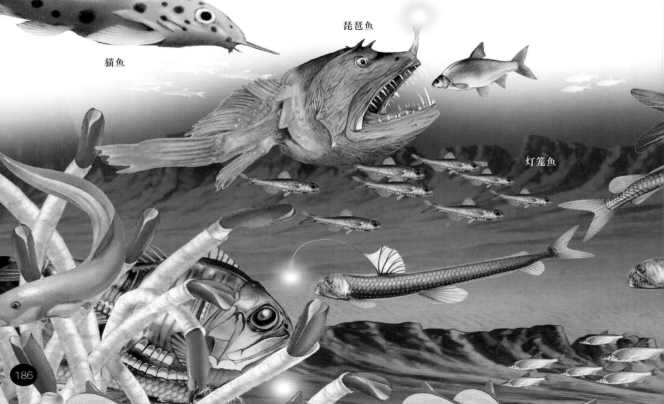

猫鱼

琵琶鱼

灯笼鱼

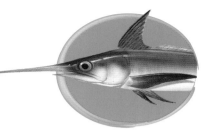

343

琵琶鱼生活在深海中，可以利用发光的"天线"来吸引猎物。
琵琶鱼非常贪婪，能吞下自身两倍大的猎物！

344

你知道有一种能够通体发光，而且可以随意控制发光的鱼吗？
它就是灯笼鱼。灯笼鱼的皮肤腺细胞特化而成为发光细胞，所
以可以发光。

水底的"灯"

345 电鳐就像一条毯子，它的胸鳍和颅骨具有两个会发电的器官，肾脏能产生高电压的电。

电鳐

银斧头鱼

水生动物

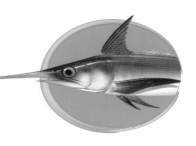

346 银斧头鱼是一种鳍部能发光的鱼类，生活在深海中，但傍晚的时候会浮上水面来寻找食物。

347 电鳗是一种生活在南美洲的淡水鱼，自身可以放电，其电压可达到250～750伏特，一定要远离它哦！

电鳗

高超的伪装术

刺猬鱼

刺猬鱼肿得像个气球，常用那直直的刺来抵御敌人。刺猬鱼也会隐藏在海沙下，以避免被天敌发现，它还有一个尖尖的嘴，用来击破软体动物和甲壳类动物的外壳。刺猬鱼喜欢在清澈的水里慢慢地游动。

蝴蝶鱼有长长的吻部，尾巴上有一个黑色的斑点，乍一看，让人分不清它的首尾。

蝴蝶鱼

水生动物

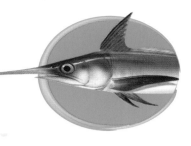

350

海马是伪装的高手，它不仅可以改变体色以融入周围的环境，还可以长出一种线状的藻类，将自己伪装成植物，从而迷惑对手。这真是奇妙的策略！

海马

螃蟹

351

螃蟹有一双凸起的眼睛，当出现危险，它会将身体埋进海沙里，只留眼睛在海沙上逡巡，看看会发生什么并保持警惕。

352

你知道吗？鱿鱼、章鱼和乌贼它们的肤色反应当它们的心情状况。当它们的肤色呈白色时，意味着它们感到害怕；当它们的肤色变为蓝色或者暗色调时，则表示它们在愤怒。它们甚至可以改变自己的肤色融合到海水中，让人难觅影踪。

水生动物的繁殖

353 你可知道雄性海马负责孵卵吗？雄性海马在其胸部有育儿囊，受精卵在育儿囊中卵化时，育儿囊是关闭的，直到小海马出生。

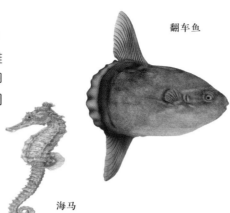

翻车鱼

海马

354 翻车鱼每次大约产下30万粒鱼卵！它们的卵非常小，直径大约只有0.25厘米。当幼鱼出生时，它们的体型比自己的父母要小1000倍。

水生动物

355 雄性鲶鱼负责照看鱼卵直到卵孵化，它们把蛋集中在石头裂缝中直到小鲶鱼破卵而出，并保护小鲶鱼不让其他鱼类接近。如果有谁试图接近的话，雄性鲶鱼就会毫不犹豫地发起攻击。

356 雄性鲶鱼是把雌性鲶鱼产的卵含在嘴里，直到孵出小鲶鱼的。在此期间，雄性鲶鱼是不能进食的。当鲶鱼幼鱼出生后，以浮游动物、软体动物为食。它们最早生活在非洲的坦噶尼喀湖。

鲶鱼

357 飞鱼的卵产在海藻上，一个一个挂着就像一颗一颗的小球。

358 你知道螃蟹每次产卵量为200～300个吗？

飞鱼

193

美妙的海底大家庭

359

海星生活在海底的泥沙、岩石和藻类之间。海星没有大脑，它们所做的一切是由神经网络控制的。

海星

361

你知道吗？寄居蟹是海葵的朋友，海葵中残留的物质给寄居蟹提供了丰富的生活物质。同时，寄居蟹能缓解海葵的瘙痒，也可以帮助海葵赶走它们的敌人。

360

小丑鱼是海葵的朋友。海葵保护小丑鱼躲避潜在的掠食者，而小丑鱼则帮海葵去除那些有害的物质。

小丑鱼

194

水生动物

寄居蟹

贻贝类动物能净化海水的水质，它们生活在海底的岩石上。

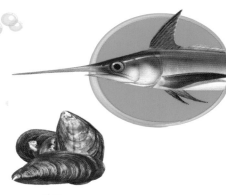

贻贝

寄居蟹居住在其他软体动物抛弃的贝壳里。当软体动物死亡后，寄居蟹占据它们的贝壳，并作为自己的家。随着寄居蟹的成长，它需要不断变换更大的贝壳。

医生鱼

珊瑚礁所在的水域生活着众多色彩艳丽的鱼，其中不乏许多医生鱼，目前已知有的医生鱼有100多种。

淡水鱼

鲑鱼

365

鲑鱼出生在河流中，然后游到海洋，产卵季来临时，它们需要回到河流中去产卵。鲑鱼将逆流1600多公里，才能到达它们出生的河域。这真是一个漫长而危险的旅程啊！

水生动物

366

鱼鱼习惯生活在干净的河流与湖泊，或清澈的海水中。成年后的鳟鱼和鲑鱼一样，需要回到它们出生的河域去产卵。这又是一场伟大的旅行！

鳟鱼

淡水鱼

白斑狗鱼

367

白斑狗鱼生活在河流、湖泊和池塘的边缘水域。因为那里可以很好地伪装自己，以袭击猎物。白斑狗鱼是个大胃王，甚至连自己的同类都不放过。

水生动物

368

食人鱼是淡水鱼，生活在南美洲的河流。你知道在一些国家它是一道美味佳肴吗？食人鱼大概有20种，但并不是所有的食人鱼都是危险的。除了部分食人鱼是食肉的，还有一些则以植物为生。

369

你看这鱼像不像长了两只脚的蝌蚪？这是滩涂鱼，它在离开水面的情况下仍然可以存活几个小时。

滩涂鱼

爬行动物

爬行动物

370 这些爬行动物是冷血动物，其身体的温暖取决于它们所处的环境。因为这个原因，它们通常生活在热带或温带地区，因为那里气候温暖。当天气很冷的时候，它们有的会迁徙至比较温暖的地方，有的则选择冬眠。

371 爬行动物大多是卵生或卵胎生的，它们常在地下、岩石等安全隐蔽的地方筑巢，然后繁衍下一代。卵胎生指的是卵在母体中孵化，然后完全发育成幼崽后再离开母体。

372 爬行动物的皮肤干燥、厚实、防水，这可以让它们在非常炎热和干燥的气候环境下减少身体水分的流失。

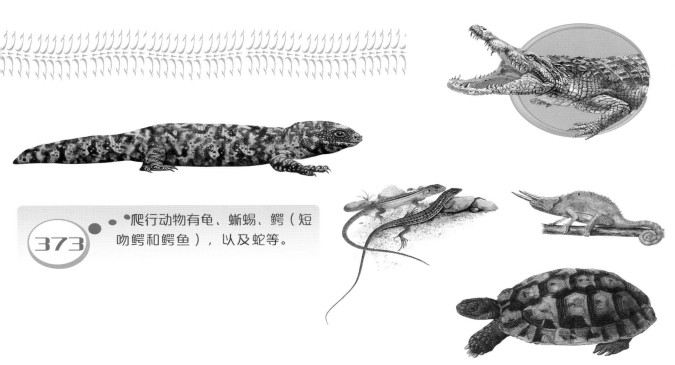

373 爬行动物有龟、蜥蜴、鳄（短吻鳄和鳄鱼），以及蛇等。

374 目前已知的爬行动物大约有6000种，它们生活在世界上的各个角落。

大型爬行动物

绿水蚺

科莫多巨蜥

375

科莫多巨蜥，又名科莫多龙，是现今已知最大的蜥蜴。科莫多巨蜥身长近3米，非常凶猛，会吃同类！科莫多巨蜥是生活在白垩纪末期的爬行动物，现已濒临灭绝。

376

恒河鳄不是最大的鳄鱼，但它们有可怕的牙齿。雄性恒河鳄，体长可达6米，体重有900公斤。恒河鳄口鼻部宽阔而沉重，是鳄鱼中口鼻部最宽的。雌性恒河鳄的个体比雄性要小，体长大约4米，体重不超过500公斤。

恒河鳄

爬行动物

绿水蚺是目前存在的最大蛇类。你能想象一条长而粗的"管道"爬在地板上吗？它的体长约有12米长，直径约30厘米，重量超过200公斤。绿水蚺栖息于亚马孙流域的湿地中，高度水栖。

蟒蛇是非洲和亚洲最长的蛇，体长约10米，重量达140公斤。你知道吗？它们是没有眼睑的。

棱皮龟

蟒蛇

最大的海龟是棱皮龟。这是一种巨大的海龟，体长超过2米，体重约600公斤。棱皮龟主要栖息于热带海域的中上层，分布于大西洋和太平洋海域。

380

侏儒变色龙是已知最小的变色龙，体长大约6厘米，其中尾巴就占了1～2厘米。它的皮肤可以根据周围环境变换成不同的颜色，如橄榄绿色、红色、褐色和灰色，这样它就可以在非洲大草原上巧妙伪装。

侏儒变色龙

381

侏儒壁虎，是2006年在圭亚那中部地区发现的。因身体小，反应迟钝而得名，它多生活在茂密的热带雨林地区，是世界上最小的爬行动物之一。

爬行动物

382

侏儒壁虎是一个优秀的攀爬者，可以攀上玻璃、爬上屋顶。你知道它是怎么做到的吗？因为它脚上的吸盘有很强的吸附力。除去尾巴不算它不到1厘米长！真小啊，对不对？侏儒壁虎个头非常小，因此能在水面上漂浮。

斑点龟

侏儒壁虎

383

斑点龟是体型较小的龟，只有6～9厘米长，重量不超过140克！你可以将它们轻易地装在口袋里！

有毒的爬行动物

毒蜥移动缓慢，但它们的攻击是致命的。它们将猎物咬住，然后通过牙齿释放毒液。这种毒药对人类是非常危险的，就像眼镜蛇的蛇毒！幸运的是，它们生活的区域远离城市。

你知道吗？只有两种有毒蜥蜴：一种是毒蜥，另一种是墨西哥蜥蜴。

毒蜥

385

响尾蛇在发起攻击前会抖动尾巴尖以警告对方。响尾蛇的尾巴尖看上去像不像一个铃铛？它会发出类似拨浪鼓的响声，起到警示作用。一定要小心，被响尾蛇咬伤可是致命的哦！

响尾蛇

386

世界上最毒的蛇是一种海蛇。它们的毒液比响尾蛇的毒液强几万倍！这种海蛇分布在帝汶岛和印度尼西亚海域。另一种毒蛇是太攀蛇，它们的毒液比响尾蛇的毒液强几百倍！这种蛇类是眼镜蛇类家族成员，它们分布在澳大利亚。

爬行动物中的猎人

变色龙

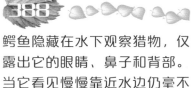

388

鳄鱼隐藏在水下观察猎物，仅露出它的眼睛、鼻子和背部。当它看见慢慢靠近水边仍毫不知情的动物时，就会迅速出击捕食。

387

变色龙是蜥蜴的一种，通常生活在树枝上。它的舌头比身体长两倍，且很黏，常用来捕食昆虫。变色龙可以根据环境改变体色，让天敌和猎物不易发现它们。

鳄鱼

爬行动物

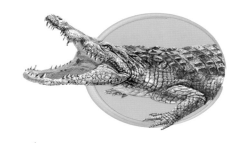

响尾蛇

蟒蛇

389

蟒蛇的体型很大，非常有野性而且力量很大。它们在寻找猎物时会观察周围长达数小时。蟒蛇不具有毒性，而是通过收缩身体以勒死猎物。

390

你知道最大的变色龙可以用舌头捕食鸟类吗？它们叫国王变色龙。

棱皮龟

391

棱皮龟最喜欢的食物是水母，但偶尔也吃海藻、鱼或鱿鱼。这是一种濒临灭绝的海龟，因为一旦它们误吞了夹带着塑料袋的水母，会因为无法消化而死去。所以我们切勿将塑料袋丢弃在海上。

392

幼年的鳄鱼捕食昆虫、蜗牛、蛴螬、青蛙和螃蟹。成年鳄鱼吃其他爬行动物、小型哺乳动物和水禽。尽管有听过鳄鱼吃人的新闻，不过这是非常罕见的。

393

蛇用牙齿咬住猎物并注射毒液。它们进食的时候不咀嚼，而是将猎物整个吞下。尤纳蟒蛇可以吞下一头牛，然后慢慢消化，接下去的6个月不需要进食。

鳄鱼

响尾蛇

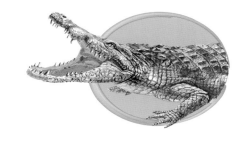

394

巨蜥的食物是随着它的生长发育而有所变化的，幼年的巨蜥吃昆虫和小型爬行动物；成年巨蜥还会吃其他动物的蛋、腐肉、鱼或小型哺乳动物。澳大利亚巨蜥也吃水果，而且非常喜欢！

395

毒蜥吃鸡蛋、鸟类、昆虫和小老鼠。你是否注意到它的尾巴？它的尾巴很厚，储存了足够的脂肪，以便在食物匮乏的时候维持生命。

巨蜥

毒蜥

鳄鱼

396

你知道有的蛇可以长时间不吃东西么？王蛇可以28个月不进食，响尾蛇可以27个月不进食，蟒蛇可20个月不进食！

213

蟒蛇

蜥蜴

397

蟒蛇最大的威胁是来自大型鸟类的攻击。为了保护自己，蟒蛇会将身体盘绕成球状……并且可以在地面上滚动！你能想象吗？

响尾蛇

绿树蟒

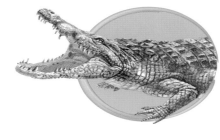

蜥蜴

恒河鳄

399

你有注意到恒河鳄的牙齿了吗？它们看起来很可怕，上颚每边都有29颗，下颚的每边有26颗！当恒河鳄闭上它的嘴时，它的牙齿是上下闭合的，而且露在外面，太可怕了！幸运的是，它们生活在印度和缅甸的河流中，离我们很远。

398

蜥蜴和壁虎可以通过断掉自己的尾巴来逃离危险，而且它的尾巴还可以再长回来呢！它们是岩石间的藏身专家，在任何墙壁裂缝或墙角都可以隐藏起来，简直是不可思议！

爬行动物的繁殖

鳄鱼

400

小鳄鱼的性别是由出生时地面的温度来决定的：如果地面的温度为28～30℃，出生的则为雌性鳄鱼；如果温度达到32～34℃，出生的则是雄性鳄鱼；如果温度在31.5℃，出生的鳄鱼雄性和雌性则各占一半；如果温度超过34℃，小鳄鱼则会全部死亡。而当温度到达33℃时，鳄鱼妈妈就会用嘴巴从河里取水浇灌在巢穴里，让蛋降温。

401

鳄鱼妈妈每次可以产下20～90颗蛋，并把蛋埋在沙里，用泥土或者植物碎屑覆盖着，让温暖的阳光进行孵化。鳄鱼妈妈监视并且攻击任一靠近巢穴的动物，是一个非常尽责的妈妈。当鳄鱼宝宝出生之后，它们就开始一个接一个地游向水里。

响尾蛇

爬行动物

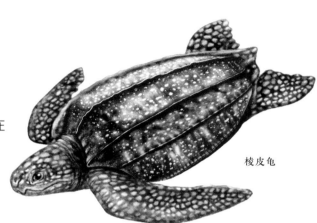

402

响尾蛇不产卵。小响尾蛇是在妈妈腹中孵化出来的，也就是说，它们是卵胎生的蛇。

403

棱皮龟每隔3～4年就会孕育一批小宝宝，雌龟把卵产在海滩上，以便小龟的出生。晚上它们来到海滩上，用前鳍挖80厘米深的洞穴，然后把蛋产在里面，之后再用沙子覆盖好，悄悄地返回大海。它们每年5~6月产蛋，一次可以产90-150颗。

棱皮龟

爬行动物的繁殖

404

雌蜥蜴和雄蜥蜴在树上或者岩石下的树根挖洞，然后把蛋产在里面，之后怎样就听天由命了。少数种类的蜥蜴是卵胎生，即蛋在母体内卵化。

蜥蜴

爬行动物

405

雌性蟒蛇一次产蛋量可达15~100颗，产卵后盘在蛋上面，直到小蟒蛇孵化出来。

406

你知道哪些海龟是从来都不离开水的吗？

蟒蛇

407

蟒蛇是较为原始的蛇种之一，在其肛门两侧各有一小型爪状痕迹，为退化后肢的残余。你注意到它的舌头了吗？分叉的舌头主要用于辨别气味，以及感受温度。

响尾蛇

408

你知道蛇需要经历蜕皮才能进一步生长吗？蛇长大时它的皮是不会变大的，需要蜕去旧皮，长出新皮。当蛇要蜕皮的时候，蛇皮颜色变深，而且眼睛几乎是失明的，它通过摩擦粗糙的石头，把皮蜕下来。

蟒蛇

爬行动物

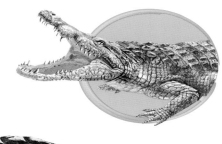

龟是所有动物中最长寿的，一只陆地龟的寿命可以超过一百年，而一只加拉帕格斯陆龟可以活到300岁。

龟

鳄鱼身体很长，但它的大脑却很小，就像一个螺母！它们的下颚很可怕，你看到它那突出的下颚了吗？虽然嘴巴是闭着的，但仍然可以看到露在嘴巴外面的牙齿。另外，鳄鱼无法将舌头伸出来。

鳄鱼

221

两栖动物

两栖动物

411 两栖动物的皮肤裸露，表面没有鳞片（一些蚓螈除外）、毛发等覆盖，但是可以分泌黏液以保持身体湿润。

412 两栖动物的幼体在水中生活，用鳃进行呼吸，长大后用肺兼皮肤呼吸。两栖动物可以爬上陆地，但是一生不能离开水，因为可以在水陆两处生存，所以称为两栖。

224

413 两栖动物是脊椎动物从水栖到陆栖的过渡类型，它们都是冷血动物。长期的物种进化使两栖动物既能活跃在陆地上，又能游动于水中。

两栖动物

414 与动物界中其他种类相比，地球上现存的两栖动物的物种较少，目前被确认的种类约有4350种，分为无足目（如蚓螈）、无尾目（如青蛙和蟾蜍）和有尾目（如蝾螈）等3个目。

415 两栖动物有5种主要的感觉：触觉、味觉、视觉、听觉和嗅觉。它们能感知紫外线和红外线以及地球的磁场。通过触觉，它们能感知温度和痛感，能对刺激作出反应。

416 两栖动物3个目的体形差异大，它们的防御、迁移的能力弱，对环境的依赖性大，比其他脊椎动物的种类少，其分布除海洋和大沙漠外，平原、丘陵、高山和高原等各种生境中也有它们的踪迹，最高分布海拔可达5000米左右。

大小两栖动物

417

你能想象一只体长将近1米的"青蛙"吗？这种"青蛙"叫作巨型蟾蜍，是世界上最大的蟾蜍。它生活在喀麦隆和赤道几内亚，体长可达76~87厘米，重量超过3公斤！

墨西哥蝾螈

巨型蟾蜍

418

墨西哥蝾螈是体型较小的两栖类动物，只有1.4厘米长！它们真的很小，你不觉得吗？

两栖动物

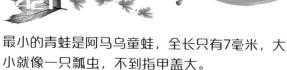

日本大鲵长达1.5米，体重可达25公斤。你可以想象一下它的样子，打开卷尺拉到1.5米，你就知道它有多长了。

最小的青蛙是阿马乌童蛙，全长只有7毫米，大小就像一只瓢虫，不到指甲盖大。

阿马乌童蛙

最小的蟾蜍是跳蚤蟾蜍，它的体长不足1厘米。这个物种发现于1971年。

蟾蜍，也叫蛤蟆，体表有许多疙瘩，内有毒腺。

两栖动物的食谱

423 两栖类动物是捕食昆虫的"专业猎人"，它们捕获猎物时，通常是先慢慢靠近猎物，然后迅速伸出舌头将其摄入口中。它们的舌头上有一种黏性物质能将昆虫直接粘在舌头上，然后收回将昆虫吞咽下去，通过胃液将其消化！

424 有些蛙有牙齿，但仅仅只在它们受到威胁时才用到牙齿，它们是很神秘的两栖类动物。

425 一些两栖类动物捕食老鼠、鸟、鸡、虾、贝类、蜥蜴等小动物，甚至吃自己的同类！

两栖动物

426 青蛙和蟾蜍在吞咽食物的时候会闭上眼睛，它们没有可以分别控制眼睛和嘴巴的骨骼。所以当吞咽时，它们的眼睛会随嘴巴的闭合一同闭上。

427 你可知道，在一些地方，两栖动物会被用于防治害虫？

两栖动物的秘密武器

黄金箭蛙

428

黄金箭蛙体内带有一种致命的毒液，只要像几粒细盐那么点儿就可以杀死一个人。一只黄金箭蛙的毒液足以杀死1500人。但只要不受侵扰，这种青蛙是不会主动攻击人的。它们生活在南美洲和中美洲。

两栖动物

429

一些两栖类动物在受到侵扰时，皮肤会分泌有毒的液体来进行防御。这些物质对人类一般没有威胁，除非吞咽下去或者触碰到伤口才会造成伤害。要注意，千万不要让眼睛、鼻子和嘴巴碰到它们的毒液。

430

一些青蛙和蟾蜍可以在草丛里将自己伪装起来，或者让身体膨胀，使自己看起来很大，以躲过天敌的攻击。一些青蛙的叫声可以非常高亢、刺耳。

两栖动物的繁殖

431 两栖类动物通过产卵和体外受精的方式繁殖后代。这意味着雌性产卵后，雄性体外射精，把卵变成受精卵。卵是由凝胶状物质包裹的，并在水中相互附着。这些卵囊的长度可达1.5米。

蝌蚪

两栖动物

432

青蛙们照顾卵有奇特的方式，有些青蛙用胶质层覆盖着卵，并把卵附着在背上；有的青蛙把卵隐藏在嘴里，这样，确保不会被食肉动物吃掉。

巨蛙

两栖动物的繁殖

433 青蛙幼仔在水中出生，它们长得并不像成年青蛙；这些青蛙幼仔叫蝌蚪，有尾巴，在水里游动，靠鳃呼吸。当蝌蚪变成一只成年青蛙后就没有了尾巴，开始用肺和皮肤呼吸。这就是变态发育！

两栖动物

你知道吗？有两种蟾蜍被称为"保姆蟾蜍"。这两种蟾蜍，蟾蜍爸爸负责看管卵直到小蝌蚪从卵中出生。它们生活在欧洲中部和西南部。

434

谁能区分青蛙和蟾蜍

是不是很难区分青蛙与蟾蜍？下面的一些提示，将帮助你区分它们。

青蛙

蟾蜍的皮肤很粗糙，而青蛙的肤很光滑。这一点可以用肉眼行区分。

青蛙

蟾蜍

青蛙需要经常待在水中，而蟾蜍居住在潮湿的地方就够了，不需要太靠近水。

两栖动物

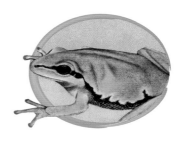

437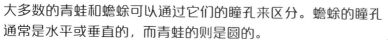

大多数的青蛙和蟾蜍可以通过它们的瞳孔来区分。蟾蜍的瞳孔通常是水平或垂直的，而青蛙的则是圆的。

蟾蜍

青蛙捕食

青蛙

438

蟾蜍比较笨拙，不能像青蛙一样跳那么远。

奇特的青蛙和蟾蜍

439

青蛙会爬树！没错，的确有会爬树的青蛙。这种会爬树的青蛙就是常见的树蛙。

树蛙

440

蟾蜍和青蛙有自己独特的声音……它们会"唱歌"，更确切地说是"呱呱"叫！每一种青蛙和蟾蜍都有不同的叫声，你知道它们的叫声是用来干什么的吗？在求偶的季节，雄性的青蛙或蟾蜍用叫声来吸引异性。

两栖动物

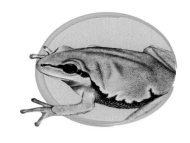

441

草莓蛙是跳跃能手，它可以跳3米高！这蛙身长
只有2厘米，其跳跃的高度是其身长的150倍。
很厉害吧！如果你想看它们，只能去南美洲了。

青蛙

442

你知道吗？雌性青蛙和蟾
蜍都比雄性青蛙和蟾蜍要
来的大！

蟾蜍

巨蛙

蜥蜴

蜥蜴和蝾螈很相似，但又不完全相同，蜥蜴的身上长有鳞片。你看到了吗？如果蜥蜴失去身体某个部位，如尾巴，它可以很快地再长出来。

蜥蜴

242

两栖动物

阿尔卑斯山的黑蝾螈是所有动物中孕期最长的，它的
孕期长达3年2个月。这是一种两栖动物。

蝾螈

243

蝾螈

445

你相信吗？有一种动物能够在-35℃的环境下存活。它就是西伯利亚蝾螈，是一种最耐低温的动物。

244

两栖动物

有一种两栖动物的腮有时存在，有时又会消失。它就是雄性的蝾螈。在交配的季节，雄性蝾螈生活在水里，此时它的腮是存在的，等交配季节结束之后，腮会消失，它又回到陆地上生活。

昆虫与蜘蛛

昆虫与蜘蛛

447 昆虫和蜘蛛属于不同的家族，虽然它们是很类似的动物。还是很容易区分它们：

昆虫通常有6条腿，2根触角，一张嚼吸式口器，2只复眼（即在眼中还有更多更小的眼睛），一对翅膀。

蜘蛛有8条腿，但没有翅膀，它们没有触角，眼睛是单眼，嘴是吮吸式口器，并有一对触须。

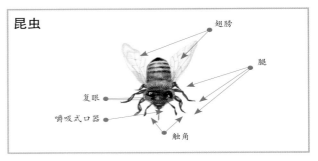

昆虫

翅膀

腿

复眼

嚼吸式口器

触角

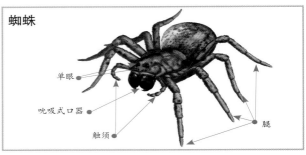

蜘蛛

单眼

吮吸式口器

触须

腿

448 昆虫又分为双翅目类（苍蝇和蚊子）、蜻蜓类（蜻蜓），鳞翅目类（蝴蝶）、直翅目类（蚱蜢和蝗虫）和鞘翅目类（甲虫）等。

248

449 昆虫和蜘蛛纲动物都是通过产卵的方式繁殖。大多数昆虫从刚出生的幼虫到成虫需要不断变化形态；蛛形纲动物出生的时候，形态就和成年个体一样了，只是体型较小而已。

450 螨虫和蝎子属于蛛形纲类。

451 昆虫是环境适应能力最强的动物，有些昆虫可以生活在65℃的水中，有些可以经受最残酷的严寒，有些甚至可以抵御剧毒。

452 目前已知的昆虫约有100万种，已知的蛛形纲动物有5万多种。这两个群体都属于节肢动物家族。

巨型昆虫与蜘蛛

453

亚历山大女皇鸟翼凤蝶的翅膀是飞虫世界中最大的，其长度超过26厘米。但是你很难看到它们，因为它们生活在巴布亚新几内亚，且受到当地人们的保护。

亚历山大女皇鸟翼凤蝶

454

蜣螂，俗称屎壳郎，是一种喜欢粪便的昆虫，它可以将粪便滚动成球，推行向前。

蜣螂

昆虫与蜘蛛

455

雄鹿甲虫是欧洲最大的甲虫。一只雄性雄鹿甲虫的体长可达9厘米，而雌性雄鹿甲虫通常不超过5.5厘米。这是一种常见的甲虫！运气好的话，你可以在森林中看到它。

雄鹿甲虫

456

你知道吗？最小的寄生蜂体长不到1厘米，最小的蜘蛛也只有这么大。

巨型昆虫与蜘蛛

457

竹节虫是世界上最长的昆虫，体长可达55厘米，你见过那么长的昆虫吗？它能够很好地将自身伪装成竹枝，从而不被别人发现。

竹节虫

昆虫与蜘蛛

巨型狼蛛

458

巨型狼蛛是已知最大的蜘蛛，它们的腿长达28厘米，体重有100多克。这真是非同寻常的蜘蛛！此外，雌性的巨型狼蛛可以存活14年。

昆虫中的速度冠军

 459

蝴蝶是拥有彩色翅膀的美丽昆虫，它们在体温低于30℃时将无法飞行。

蝴蝶

460

跳蚤是跳跃能力最为惊人的动物之一。你看，它的身长只有4毫米，却能跳1.5米远，相当于其体长的350倍。这就好比一个身高1.7米的人可跳近600米远。

水黾

461

水黾是一种奇特的昆虫，它可以在水面上行走。水黾通常生活在积水中，速度非常快。你知道为什么水黾可以在水面上行走吗？水分子表面会产生微小的张力，相当于在水黾行走的水面上有一层看不见的薄膜。水黾尽量张开6条腿来分散体重，使自己可以在水面行走。

昆虫与蜘蛛

462 蟑螂是跑得最快的六足动物。你看到过一只正在奔跑的蟑螂吗？澳大利亚大蟑螂的奔跑时速可达10公里，这意味着每秒可以跑2.5米。美洲大蟑螂的奔跑时速近5公里，也就是说每秒可以跑1.25米。

蟑螂

465 飞行花费了飞虫大量的体力，在飞行过程中它们会减掉自身体重的三分之一。

463 你知道蟑螂可以短时间内快速改变25个行动方向吗？

464 飞得最快的昆虫是澳大利亚蜻蜓，它们的飞行时速可达90公里。这相当于在公路上飞驰的汽车的速度。

澳大利亚蜻蜓

危险的昆虫与蜘蛛

香蕉蜘蛛是最毒的蜘蛛。香蕉蜘蛛的个体非常大，也非常危险：它们的体长达13厘米（像一支笔），其毒液是致命的。幸运的是，它的腿太长，这使得它很难咬到人。香蕉蜘蛛生活在南美洲的一些地区。

红蚂蚁是一种可怕的蚂蚁。红蚂蚁具有极强的攻击性，它们的毒液会导致严重的烧伤。红蚂蚁来自巴西，它们像瘟疫一样在美国加利福尼亚州和佛罗里达州蔓延。

红蚂蚁

香蕉蜘蛛

昆虫与蜘蛛

468

最危险的蜘蛛是黑寡妇，被它们咬到可是致命的。黑寡妇的毒液比响尾蛇的强15倍！幸运的是，它们通常不会主动攻击人类。

你知道黑寡妇这个名字的由来吗？因为雌性黑寡妇在交配后会吃掉雄性黑寡妇。

危险的昆虫与蜘蛛

469

最毒的蝎子是黄金蝎子，体内约有100种不同的毒素，每年都有很多人死于它们的袭击！这种蝎子生活在沙漠和以色列的干旱地区，通常隐藏在岩石下。

蝗虫

黄金蝎子

昆虫与蜘蛛

470

蝗虫曾是农民伯伯的心头大患，成群的蝗虫一天可以摧毁10万吨的小麦。要知道，这可是几十万人一年的食物呀！

捕食性昆虫与蜘蛛

471

蜻蜓是昆虫中的猎人，它们是捕食其他昆虫的"战斗机"。蜻蜓一般生活在河流附近。

蜻蜓

472

具有黏性的蜘蛛网可以将昆虫粘住，蜘蛛可以直接猎取被困于蜘蛛网中的昆虫。蜘蛛通常隐藏在蜘蛛网的一角，一旦有昆虫被粘住，立即发起攻击。

昆虫与蜘蛛

蜘蛛

473

热带臭虫是夜间捕食白蚁的高手。它的捕食方法很独特：在头上或者背部挂着白蚁巢碎片以伪装自己，然后靠近白蚁巢穴的入口，等待白蚁出现。这样，白蚁就不会发现它了。只要白蚁一出现，臭虫就开始攻击并将其吃掉。这还没结束，臭虫还会将剩下的白蚁残骸放在蚁穴边，以引诱其他白蚁过来搬运，然后继续捕食。很聪明吧！

热带臭虫

捕食性昆虫与蜘蛛

475

许多蜘蛛每天都会吃自己结的网。为什么呢？原因有两方面：第一，蜘蛛编织蜘蛛网会消耗大量的体力，需要尽快恢复，而吃蜘蛛网有助于它恢复体力再编织下一个网；第二，之前的蜘蛛网已经失去黏性。

474

你可知道，蜘蛛网是一种韧性极强的材料？蜘蛛网的韧性比同粗细的钢丝还要强！

昆虫与蜘蛛

476

并非所有的蜘蛛都是通过布设蜘蛛网捕食，有些蜘蛛是先隐藏起来，等待时机然后下手。它们会织出一张小网挂在前腿上，看到猎物时，就会把网丢过去，把猎物包起来，然后过去咬住猎物，释放毒液麻醉将其吃掉。

昆虫与蜘蛛的食谱

477

相信你一定被蚊子叮咬过，但你知道只有雌蚊才叮咬人吗？很有趣吧！因为雌蚊吸血是为了繁殖后代，而雄蚊可以采食植物的花蜜。

蚊子

蟑螂

478

蟑螂是个"贪吃鬼"，喜欢吃辣椒、糯米粉，甚至连纸板、皮革和软木都吃。

瓢虫

479

瓢虫是庄稼的好朋友。它们捕食蚜虫和其他害虫，所以有些地方的农民在田地里释放瓢虫以保护庄稼。

昆虫与蜘蛛

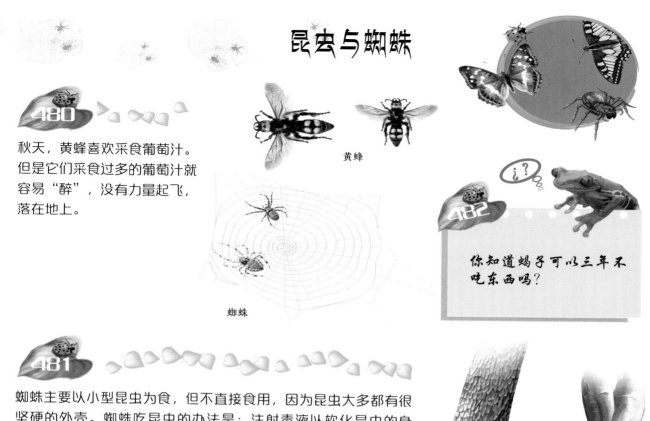

480

秋天，黄蜂喜欢采食葡萄汁。但是它们采食过多的葡萄汁就容易"醉"，没有力量起飞，落在地上。

黄蜂

蜘蛛

482

你知道蝎子可以三年不吃东西吗？

481

蜘蛛主要以小型昆虫为食，但不直接食用，因为昆虫大多都有很坚硬的外壳。蜘蛛吃昆虫的办法是：注射毒液以软化昆虫的身体，然后再在表皮弄一个孔进行吸食。

社会性昆虫

483

白蚁与蚂蚁一样也过着群居生活，其群体分为蚁后、兵蚁、工蚁。白蚁体长一般为几毫米至十几毫米，但蚁后由于生殖腺发达，腹部极度膨大，整个体长可达6~7厘米，有的种类的蚁后甚至可达10厘米。

蜜蜂

484

蜜蜂也有类似蚂蚁的社会组织，群体内部分工明确。蜂王负责产卵，工蜂致力于建造清洁、维护蜂巢，并采集饲养幼虫的花蜜。一个蜂巢只有一只蜂王。

白蚁

485

你知道吗？如果一个蜂巢中诞生了一个新的蜂王，其中一个蜂王将带走一半的蜜蜂到另外一个地方去建蜂巢。

昆虫与蜘蛛

486

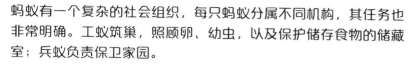

蚂蚁有一个复杂的社会组织，每只蚂蚁分属不同机构，其任务也非常明确。工蚁筑巢，照顾卵、幼虫，以及保护储存食物的储藏室；兵蚁负责保卫家园。

蚂蚁

昆虫与蜘蛛的繁殖

甲虫金龟子

被称为清道夫的甲虫金龟子将它们的卵产在其他动物的尸体里，这能确保幼虫得到充足的食物。

雌性蜘蛛在完成交配后会吞食雄性蜘蛛。雄性蜘蛛的体型比雌性蜘蛛小很多，雄性蜘蛛在求偶时会给雌性蜘蛛奉上舞蹈，有时还将食物用网包好送给雌性蜘蛛。

昆虫与蜘蛛

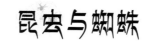

蝉

 489

一只蝉需要花4~17年才能从幼虫蜕变成虫。雌蝉将卵产在树皮的裂缝里。当卵孵化时，幼虫落到地面，它们将在土里生活4~17年。接着，蝉的幼虫将慢慢蜕变为成虫来到地面。然而，成虫的生命是短暂的，它们只能活6~7周。

490

你可知道吗？蝉王一天能产下1500个卵。

奇特的昆虫与蜘蛛

491

当狼蛛老去后身上的毛会脱落。但是，这并不是它唯一让人感到怪异的地方，因为它的爪子竟然还可以伸缩。

狼蛛

492

蜜蜂在蜇人后，自己也会死亡。这是因为人的皮肤是很有弹性的，当蜜蜂蜇人的时候，刺就会留在皮肤里。而蜜蜂的刺连接着消化系统，所以当它蜇人后，留在皮肤上的刺会把内脏一起拉出来。

蜜蜂

昆虫与蜘蛛

苍蝇

蚂蚁

493 你知道吗？要是按占身体的比例来算大脑的大小，蚂蚁会是大脑最大的动物！

494 你知道为什么用手很难拍到苍蝇吗？因为苍蝇能感知到它身边的空气压力。因此，当有什么东西将落到苍蝇身上时，它便能感知到并逃跑。但用苍蝇拍很容易将它们拍死，因为苍蝇拍有孔，可以让空气流通，减少苍蝇周围气压的变化。

奇特的昆虫与蜘蛛

495

帝王蝶是有迁徙行为的蝴蝶，它们可以飞行数千公里，有时可以在海上偶遇它们。

蚂蚁

496

蚂蚁是动物世界中神奇的物种，它们可以举起超过自身体重15倍的东西，可以拖动超过自己体重20倍的东西。

萤火虫

帝王蝶

497

萤火虫是一种能发光的昆虫，雄性萤火虫和雌性萤火虫都能发光。在繁殖季，它们通过发光进行交流。

昆虫与蜘蛛

蝉（知了）是叫声最响亮的昆虫，400米外都能听见它的声音，长时间听会让人受不了。那简直就像一种酷刑，不是吗？目前已知有大约1500种蝉分布在世界各地。

蝉

雄帝蛾可以嗅到2000米外雌帝蛾的气味。

雄帝蛾

你知道吗？蜻蜓最早出现于三叠纪时代，也就是恐龙出现的第一个时代。

273

恐龙特别篇

它们或像房屋一样大，或像蜥蜴一样小。它们或是凶猛的食肉动物，或是温和的食草动物。它们就是在这个星球上生活了超过2亿年的重要角色……

毫无疑问，只有一种生物能如此令人激动又欣喜，那就是恐龙。你也很喜欢恐龙，对吗？在我还小的时候，这些神奇的生物就一直令我魂牵梦绕，因此我从未停止过对它们的探索研究。恐龙身上似乎有某种特殊的力量，这力量吸引着人们去了解关于它的一切奥秘……同时，每次关于恐龙的新发现也刷新着我们对恐龙的认知。原来我们从未真正了解恐龙的一切，原来

还有更多恐龙的秘密在等待着我们发现，想要给我们惊喜。这实在是太好了！

但是研究恐龙绝非易事：时至今日，恐龙已经不存在了。历史上同样也曾有过一段没有恐龙的时期，因为恐龙存在于漫长的进化链中……没错！它们就是这个链条上尤为重要的一环，它们是长着许多牙齿、细长脖子和尖利背刺的一环。但是在很久很久以前，如果最原始的动物没完成基础的进化，恐龙也就不会出现在历史舞台上。最原始的微生物的进化和脚都没长出来就灭绝了的生物的进化都为恐龙的出现做了"铺垫"，这些生物都是进化史中

让我们想象一下，如果漫漫历史长河浓缩成了一天24小时，情况会是怎样的呢？

最原始的生物直到下午才出现，而人类是在更晚些的时候——在一天之中的最后1秒才出现。

23:45 恐龙灭绝

23:59 早期人类出现

23:00 最原始的哺乳动物

在最后1秒：现代人类出现

22:45 恐龙

00:00 地球形成

22:00 最原始的动物

21:00 最原始的植物

19:45 最原始的生物出现，它们的结构十分简单

白垩纪时期
今天的大陆最终形成。这是恐龙
种类最多的一个时期。

侏罗纪时期
大陆开始彼此分离，巨大的
食草动物和食肉动物出现。

三叠纪时期
起初所有的大陆都聚集在同一片被称作盘古大
陆的陆地上。

最重要的环节。

　　事实上没人知道地球上的生命是如何
开始的。目前存在着几种不同的假说：有
些人深信是一颗彗星将生命从外太空带来
地球，也有人认为是地球自发出现了生命。
距今约 40 亿年前有些原子以更节能的方
式，换句话说，就是以耗费更少的能量来
存在——这些原子在进化链中相互组合，
一段时间之后就形成了基因（DNA）。

　　生物的基因中包含了有关这种生物的
所有信息，其作用就是描述这种生物到底
是怎样的，就像生活中我们用的产品说明
书一样。如果一种动物长着鼻子或者嘴、
骨头或者鳍，所有的信息就会被保存在基
因中。随着时间流逝，生物的基因也会改
变（这就是所谓的进化），因此今天我们
才能看到这么多不同种类的生物。但在距
今约 39 亿年前，进化链中的一部分变得十
分复杂，微生物开始出现了。请你想象一

下，假设地球最初只有一种微生物，它生
活在充满 DNA 的"汤"里，而整片海洋
都灌满了 DNA 的"汤"。这种微生物吞
食 DNA 并将它不需要的物质排出，排出
的物质又再一次回到已经改变了的"最原
始的汤"里。从此便出现了越来越多不同
种类的微生物，其中一些微生物开始吞食、
移动或撞击存在于它周围的微生物，因此
它们慢慢变得复杂……

　　在距今约 18 亿年前，很小一部分的生
命体开始进化，这些生命体仍然是微型的。
那段时间里最常见的生物是原生动物门的
生物，它们既不是动物也不是植物。而事
实上要再过约 8 亿年地球上才会出现动物
和植物。进化真的好费劲啊！

　　在距今约 10 亿年前，植物出现了，终
于有多细胞（拥有超过 1 颗细胞）的生物
了！约 4 亿年之后海绵（一种原始的多细
胞动物）出现了。后来就发生了一些恐怖

的事情……

在距今 7.5 亿~5.8 亿年的那段时间，地球经历了一次极其寒冷的严寒期。那时气温急降，就连广阔的大海也结冰了，只有赤道附近的水还没有结冻。当严寒结束，有些生物决定离开水生活，如此一来就加速了进化。海绵、水母（最初的拥有神经元的动物）、软体虫和蜘蛛的祖先（一种叫作海蜘蛛的节肢动物）开始扩大活动范围。在天空中出现了臭氧层，臭氧层在之后的漫长岁月中确保了地球上的生物得以生存。

稳定的环境，简单地说就是没有十分剧烈的温度变化，对于生命发展而言是十分重要的。动物们开始飞快地进化，它们尝试着各种新的可能性：在仅仅 2000 万年里，节肢动物就扩展到了整片海洋，它们进化成了蜈蚣或是名为三叶虫的软体动物。在距今约 5.3 亿年前，有一种未知的动物一边大肆"掠夺"其他生命，一边不言放弃地"勘察"着地球，我们甚至能够看到它们留下的痕迹！让我们追溯到距今约 5.05 亿年前，此时大海中开始有了鱼；让时间再越过 3000 万年，这时的植物居然离开了水，大气层也开始出现氧气。在距今约 4.5 亿年前，节肢动物也开始进化了，出现了赤蜈蚣、蜘蛛和蝎子。

所有的这一切看起来都那么那么遥远……原来在恐龙出现以前，地球上的生命经历了这么多。那个时期的许多生物，比如一种活跃于距今约 4 亿年前的鱼

元古宙
距今约25亿年前，最原始的软体动物出现。

太古宙
距今约46亿年前，地球形成。

中生代
距今约2.5亿年前，恐龙在地球上生活着。

第三纪
距今约6500万年前，最原始的哺乳动物出现。

第四纪
距今约260万年前，人类出现。这是我们现在生存的时期。

原始古鳄

类——空棘鱼，以及其他同时期的昆虫等，坚强地活到了今天。

在距今约 3.7 亿年前，鲨鱼开始在大海中猎食各种动物，它们很快就变成了海洋中的霸者。一些鱼类的鳍变成了爪子，来帮助它们爬上陆地摆脱鲨鱼的捕捉。这些鱼类的骨头脱离海洋并完全适应陆地大概花费了 7000 万年的时间，直到距今约 3 亿年之前，生命体才完全在大陆上定居下来。

让我们穿越到距今约 2.56 亿年前：双齿兽、始二齿兽、丽齿兽……这些都是早期爬行动物的名字，它们与哺乳动物非常相似。

双齿兽

接下来我们就要好好讲讲它们的故事。

欢迎来到恐龙的世界！

接下来我们要探索恐龙的世界。首先我们来说说大家对恐龙最常见的疑惑，例如哪种恐龙是最大的？或者古生物学家的工作有哪些？之后我们将进行一场时间旅行，穿越到距今约 2.5 亿年前的远古的三叠纪时期，那是最早的恐龙出现的时期。随后，我们将穿越到距今约 2.05 亿年前，漫步在炎热的侏罗纪世界中。在这段时间里，史上最大的恐龙活跃在地球上。在关于白垩纪的介绍中，我们将探索很多著名的恐龙的秘密，它们是霸王龙、迅猛龙、三角龙……不能忽视的还有距今约 6500 万年前天外飞来的那颗陨石，就是它终结了所有恐龙的生命。但也有人认为使恐龙灭绝的可能并不是一颗陨石。此后，我们将探寻恐龙生活的世界，有许多和恐龙一起生活的有趣的动物。此外我们还常常把许多恐龙搞混，比如带翅膀的翼龙和凶悍的恐爪龙。我们将着重了解一下古生物学家。我们会一边郊游一边挖掘恐龙化石，你也会了解到历史上许多有名的古生物学家的小秘密……就连他们也会犯许多大错呢！最后将为你介绍科幻世界中的恐龙，许多电影、书籍和电子游戏中都出现过不可思议的恐龙，你的疑惑将在此一一得到解答。

你还留在这呢？

请你做好准备，翻过这一页，恐龙大家族正在等待着你……

恐龙的秘密

最原始的疑惑

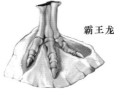 **恐龙**

为什么它们被称作恐龙呢？恐龙（Dinosaur）来源于希腊语，dino意思是"可怕的"，Saur意思是"蜥蜴"和"爬行动物"。在古希腊，人们将形容词写在名词之前，因此恐龙的意思就是"可怕的蜥蜴"。

霸王龙爪子的化石

恐龙一词的发明者

1842年，英国的古生物学家理查德·欧文提出将已经在大不列颠发现的巨大的爬行动物（化石）命名为恐龙。在那个时期，人们都认为被发现的动物化石都是那些没能登上诺亚方舟的可怜的动物的遗骸形成的。

③ 古生物学家是做什么的

古生物学家是研究已经灭绝的物种的科学家。他们在化石中寻找着蛛丝马迹，从而得知他们发现的是什么物种。

原角龙

古生物学家

④ 爬行动物的巢穴

就像所有的爬行动物一样，恐龙也会下蛋。目前发现的最大的恐龙蛋长约60厘米。它们的蛋有坚硬的外壳，因此有时候恐龙爸爸妈妈甚至要帮宝宝一把，它们才能破壳而出。

原角龙的蛋和鸡蛋

⑤ 这是龙

随着历史的发展，世界各地的人们陆续发现了恐龙化石和恐龙蛋化石。如果一位中世纪的农民发现了一块霸王龙的化石，他会怎么想呢？也许他会认为这是龙的骨头吧。我猜他一定会惊慌失措的！

霸王龙的头骨

283

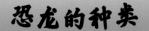

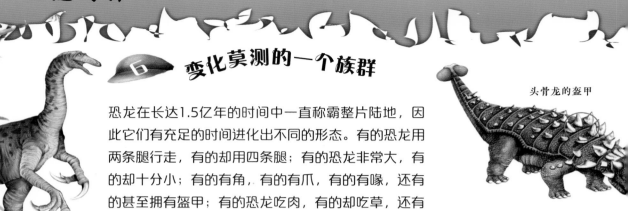

变化莫测的一个族群

恐龙在长达1.5亿年的时间中一直称霸整片陆地，因此它们有充足的时间进化出不同的形态。有的恐龙用两条腿行走，有的却用四条腿；有的恐龙非常大，有的却十分小；有的有角，有的有爪，有的有喙，还有的甚至拥有盔甲；有的恐龙吃肉，有的却吃草，还有的恐龙什么都吃。

头骨龙的盔甲

三角龙的角

它们有什么共同之处呢

首先要说明的是，所有的恐龙都下蛋，它们还都拥有坚硬的鳞状皮肤。大部分恐龙的爪子有三个趾头，肘部向后弯曲而膝盖向前弯曲。值得补充的是，几乎所有恐龙都是陆栖动物。

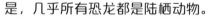
圆顶龙

好大的腭啊

恐龙不只在嘴巴里有腭哦，它们还有另外一个腭！恐龙的第二个腭让它们能够一边吞咽一边呼吸。你能想象得到吗？恐龙一生都不可能在进食的时候被噎住！

恐龙的分类

恐龙被分成了两大类群：一大类是肿头龙类、鸟脚类、剑龙类、角龙类和甲龙类（所有这些恐龙都是食草的，它们的胯部和鸟类的十分相似），另一大类则是兽脚类和蜥脚类（这些恐龙的胯部与蜥蜴的类似）。

肿头龙类——好大的头冠啊

肿头龙

肿头龙类一词字面上的意思是"长有突起的头部"。这些侏罗纪时期的食草恐龙，头骨向后方延伸，长成了能有效地保护脖子的"头冠"或"盾状物"。有些肿头龙类恐龙还长出了角。

鸟脚类

这种类型的恐龙在白垩纪时期称霸了现今北美地区的广阔平原。鸟脚类恐龙被这样命名是因为它们每只脚都有三只脚趾，就像鸟类一样。在众多的鸟脚类恐龙中最出名的就是鸭嘴龙和禽龙。

禽龙

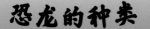

剑龙

12 谁最善于防御呢

在希腊，板盾龙指的是头上带有巨大的盾状物的恐龙，这种恐龙能够很好地进行自我保护。它们的背部被许多盘子大小的盾状物覆盖着，长长的尾巴上也长满了刺。在整个侏罗纪时期都存在着一种叫作剑龙的恐龙，而白垩纪时期最有名的恐龙便是甲龙了。

13 兽脚类恐龙是如何进食的

兽脚类恐龙又称兽脚亚目食肉恐龙，它们体型大小不一，有些也在进化后变得同样爱吃草了。兽脚类恐龙中最知名的要属恐爪龙、异特龙和霸王龙了，几乎在所有的大陆上都存留着它们的化石。

异特龙

剑龙

14 蜥脚类恐龙：它们有巨大的长脖子

起初蜥脚类恐龙什么都吃，但是它们独有的长脖子能帮助它们轻松吃到其他动物吃不到的高高的树枝，因此它们就不必再冒风险去捕猎了。它们的食量太大了，因而成为了史上体型最庞大的恐龙类群。最初蜥脚类恐龙是用两条腿行走的，后来它们把身体的重量平均分配在四条腿上了。它们四条腿的形状与蜥蜴的十分类似，因此被命名为蜥脚类恐龙。

15 世界上最高的恐龙

人类目前发现的最高最重的恐龙骨架化石是坦桑尼亚的腕龙的骨架化石，足足有12米高，重30~60吨，这几乎等同于一头鲸鱼的重量啊！你可以在德国的柏林洪堡大学自然博物馆一睹它的风采。

腕龙

恐龙之最

16 大型恐龙

2006年末人们在西班牙特鲁埃尔的里奥德瓦发现了一种新的恐龙化石，它就是里奥德芬西斯图里亚龙。这是一种体长约37米、重约48吨的食草恐龙。它的体重约相当于500个人的重量！里奥德芬西斯图里亚龙生活在距今约1.5亿年前，仅仅它的肱骨（用于连接肩部和肘部的骨头）长度就约等于一个成年男性的身高了。

17 世界上最长的恐龙

世界上体型最长的恐龙是梁龙，身长约27米，比2辆最长的消防车还要长！人们于1905年在伦敦展出梁龙的第一个重建模型，目前该骨架模型被存放于坐落在美国匹兹堡市的卡内基自然历史博物馆。

阿根廷龙

18 阿根廷龙

这世界上肯定还有恐龙要比梁龙、腕龙庞大许多，但我们至今仍未找全它们的化石。波塞东龙有18米高，而超龙的体长加上尾巴能达到35米长，体重能达到10辆卡车那么重。但是冠军毫无疑问属于阿根廷龙，它比其他恐龙都要重，简直是恐龙世界的哥斯拉（科幻电影中的怪兽）。阿根廷龙生活在白垩纪时期，它体长达到38米，重可达100吨，这几乎跟30头大象一样重了！

阿马加龙

食肉牛龙

伤齿龙

19 又小又迅速的恐龙

恐龙家族中有许多体型瘦小的恐龙，比如还没有一只母鸡大的小盗龙。这些瘦小的恐龙中有许多行动速度飞快。最快的恐龙在移动时会始终保持尾巴坚挺，这样就能减少空气阻力从而跑得更快。

霸王龙

20 体型硕大的奔跑能手

跑得飞快的恐龙通常都体型瘦小，但是令人惊奇的是还有一些尾巴硬挺的大型恐龙同样擅长奔跑。例如恐爪龙，它体长可达3.5米，但是奔跑的时速却能达到30公里，简直就像一位专业的自行车赛手。而霸王龙的奔跑时速超过了40公里，值得一提的是这个庞然大物的体重几乎等同于一辆大卡车了！

289

恐龙的"社会"

21 恐龙有群居现象吗

答案是肯定的。1878年在比利时发现了30多具禽龙的化石，它们是同时坠入灌满水的裂缝中淹死的，也就是说，它们生前是群居的。之后人们还在英国发现了几处布满恐龙脚印的岩层，这些恐龙属于不同种类，却以群居的方式生活在一起。

小牙齿

角状喙

细小颌骨

禽龙的头骨

22 食肉恐龙的"战略"

鸭嘴龙（一种强壮的食草恐龙）通常是二三十只群居的，因此没有哪只霸王龙能在独自捕食鸭嘴龙的过程中大获全胜。这些食肉恐龙于是创造出了非凡的捕猎战略，比如它们会与其他几只霸王龙合作将成年鸭嘴龙从幼崽身边引诱开，以便捕食其幼崽。如果鸭嘴龙联合起来的话，这些食肉恐龙也会结成同盟来御敌。

恐龙会说话吗

与其他动物一样，恐龙们不需要说话也能交流，但是副栉龙或冠龙等头上有头冠的恐龙能够凭借头冠放大自己咕咚或嘶吼的声音，从而更好地与同伴沟通。

冠龙

恐龙生活在哪个时期呢

在经过漫长的几百万年后，长有脊椎的动物终于出现在了地球上，它们便是脊椎动物。中生代时期始于距今约2.5亿年前，止于距今约6500万年前，总共约1.85亿年，这是相当长的一段时间。古生物学家将中生代时期分为了三叠纪、侏罗纪和白垩纪三个阶段。

双型齿翼龙

漫长的岁月，恒温的血液

原始古鳄

25 100万年有多长呢

一提到恐龙，我们总是说它们都生活在很久很久以前，但是你对于100万年是多久有概念吗？如果你一天一天地来数的话，大概就会知道这是多么宏大的时间概念了：一年有365天，100万年就是365000000天，而恐龙灭绝于距今约6500万年前，也就是说23725000000天前！你现在知道对于古生物学家而言，研究那么久以前发生的事是多么困难了吧。

26 它们活了多久呢

在不生病和不被吃掉的前提下，动物的体型和新陈代谢的方式决定了它们能活多久。有些恐龙的新陈代谢像乌龟的一样缓慢，它们能活150年之久。还有的恐龙新陈代谢与鸟类和哺乳动物等恒温动物的十分相似，它们大约能活75年。

27 冷血的恐龙

像蜥蜴或者蛇这样的爬行动物，它们身体的绝大部分热能来自吸收太阳的能量，因此我们称它们为"冷血动物"。这样的新陈代谢使它们在疲惫时能将体温降到极低。那么恐龙是像爬行动物一样的冷血动物吗？

海龟

28 血热起来了

起初大部分科学家都认为恐龙是冷血动物。罗伯特·巴克于1968年提出了异议，这也是历史上第一个完全不同的声音，他认为恐龙与哺乳动物一样，都是恒温动物。刚开始没人相信他的说法，但是时至今日几乎所有的科学家都对此表示认同。你想知道为什么吗?

鱼龙

29 恒温的恐龙

有许多证据证明恐龙是恒温动物。它们爪子的位置位于身体下方，这暗示着它们常常走动，特别是食肉恐龙更是如此。它们的幼崽跟幼鸟一样，能在很短的时间内长大，有些种类的恐龙还拥有被羽毛或毛发覆盖的皮肤，以便很好地储存身体热能。更夸张的是，人们居然在地球上许多极其寒冷的角落发现了恐龙生存过的迹象，这些角落可是冷血动物都不曾存活的地方啊。

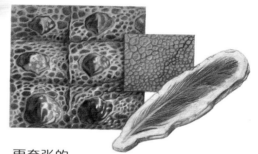

皮肤和羽毛碎片的化石

30 它们是恐龙吗

伤齿龙的鳞片

恐龙统治了地球约1.5亿年，而从始至终都有其他动物与恐龙一同存活着，而且我们还常常把它们跟恐龙搞混。例如翼龙类和无齿翼龙类、蛇颈龙类和鱼龙类，它们都属于爬行动物，但都不是恐龙。本书中有关这些动物的奥秘等着你去发现。

三叠纪时期

31 地球上的生命曾经面临过危险吗

答案是肯定的，而且经历过的危险不止一次。让我们举个例子吧，在距今约2.5亿年前，数次的火山爆发改变了气候，因此地球上几乎所有的生命都灭绝了：不论是植物还是动物，不论它们是庞大的还是渺小的。由于这次灾难发生在二叠纪与三叠纪之间，人们将其称为"二叠纪—三叠纪大灭绝事件"。

距今约2亿年前的地球

在冷却之后，地球表面形成了地壳

我们今天所认识的地球

地球变成了一颗庞大的火球

在距今约46亿年前，地球开始形成

32 欢迎来到盘古大陆

这些大陆看上去像是静止的，但实际上它们在一点点移动呢。在三叠纪时期，所有的大陆都是聚集在一起的，这块土地被称作盘古大陆（意思是"唯一的一块大陆"）。

33 三叠纪在多久以前

三叠纪时期具体的起止时间并不明确，因为这是长达几百万年的一个时期。但是我们通常将三叠纪划分为两个时期，即二叠纪末期—三叠纪（距今约2.5亿年前）和三叠纪—侏罗纪（距今约2.02亿年前）。

雷塞兽

三叠纪时期的植被

在盘古大陆的北部生长着许多植物，这些植物完美地适应了当地干燥炎热的气候，它们就是仙人掌、棕榈树和一些桂南木莲。在盘古大陆南部的潮湿地区蕨类植物则到处都是。

在恐龙出现很久很久以前

二叠纪—三叠纪大灭绝事件也终结了这颗星球上主要"居民"——兽孔类动物的生命。它们中有些也被称作似哺乳类爬行动物，因为它们跟哺乳动物很相似，都是用四条腿行走，就像狗一样，如麝足兽、雷塞兽和犬颌兽等。

犬颌兽

麝足兽

297

兽孔类动物和主龙类动物

水龙兽

36 它们逃过了大灭绝

有一种兽孔类动物在二叠纪—三叠纪大灭绝中幸存了下来，它们就是水龙兽（"铲子蜥蜴"）。它们体型跟猪的大小差不多，拥有强有力的爪子，还有两颗长长的牙齿伸出嘴外。别看水龙兽长得这么凶，它们其实是食草动物。由于大灭绝事件的发生，水龙兽成为三叠纪时期陆地上数量最多的脊椎动物。它们几乎在整片盘古大陆生活过，而这一时期也是整颗地球都被同一种生物统治的唯一一个时期。

37 水龙兽是多么幸运啊

二叠纪—三叠纪大灭绝事件突如其来。由于极端的气候变化、地震和海洋缺氧，96% 的海洋物种和 70% 的陆上脊椎动物都消失得无影无踪（你试想一下，大海里每 100 只动物只存活下来 4 只）。水龙兽能存活下来，多亏了它们运气好，因为它们喜欢生活在河流和湖泊的附近，因此在大灭绝事件发生时也能找到食物和水源。

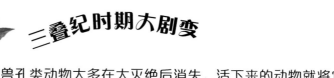

锹鳞龙

38 三叠纪时期大剧变

由于兽孔类动物大多在大灭绝后消失，活下来的动物就将它们的洞穴据为己有了。在三叠纪的初期，出现了新的物种——主龙类（"具优势的蜥蜴"）。它们长有狭长的嘴巴，头骨上小小的洞减轻了头颅骨的重量。此外股骨上还有额外的隆起，即第四个隆起的骨节，这对于恐龙进化出直立姿态而言可是十分重要的！

39 主龙类大家族

主龙类动物大致分为"镶嵌踝类"和"鸟颈类"两大类。前一类动物的头骨十分粗大，几乎跟身体一般大小，而脖子却十分短，它们就是鳄类。第二类动物的脖子都呈"S"形且用两条腿行走，这一组又分为翼龙类、恐龙类和兔鳄类。

古鳄

40 令人恐惧的兔鳄

兔鳄一词的意思是"像兔子的鳄鱼"，但是这种爬行动物既不像兔子也不像鳄鱼，它们其实长得最像恐龙。兔鳄身体发育不太完善，却十分擅长用细长的四肢奔跑。兔鳄体长只有30厘米，生活在距今约2.2亿年前，化石发现于巴西和阿根廷。

狂齿鳄

41 原始的恐龙是什么样的

有一天，一只长得很像恐龙的主龙下了一枚蛋，而孵化出的幼崽的身上却出现了恐龙的所有特征，但问题是这孵出来的到底是什么动物还不能确定。今天的古生物学家认为生下第一只恐龙的是一位始盗龙妈妈，并在1991年发现、证明了这个事实。

42 古老的始盗龙

始盗龙（"黎明的掠夺者"）生活在距今约2.28亿年前，化石发现于阿根廷西北部。这个用后肢奔跑的小家伙身长只有1米，身高不足30厘米，体重仅有9公斤，体型跟一条腊肠狗差不多。由于始盗龙跑得飞快且长有锋利的爪子，因此能够捕食到小蜥蜴、昆虫和小型哺乳动物。

始盗龙

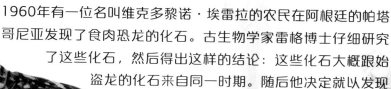

埃雷拉龙

只属于他的恐龙

1960年有一位名叫维克多黎诺·埃雷拉的农民在阿根廷的帕塔哥尼亚发现了食肉恐龙的化石。古生物学家雷格博士仔细研究了这些化石，然后得出这样的结论：这些化石大概跟始盗龙的化石来自同一时期。随后他决定就以发现者的名字命名这种新的恐龙——埃雷拉龙。

一种危险的恐龙

埃雷拉龙十分精瘦，巨大的爪子和强有力的后肢把它们变成了最擅长奔跑的"运动员"。埃雷拉龙的头部又细又长，嘴巴里布满了大小不一的尖利牙齿，这些牙齿可以帮助它们将食物撕碎以便更好吞咽。如果埃雷拉龙的敌人一直在反抗，它们还会使出两只后腿制敌。

第一批恐龙"强盗"

最大的埃雷拉龙体长可达5米，高可达2.5米，体重有300公斤。埃雷拉龙是最原始的体型庞大的恐龙"强盗"，在那个时期恐龙还很少，而且它们几乎体型都很小，埃雷拉龙实在太大了，因此其他恐龙在它们面前就像我们在霸王龙面前一样渺小。

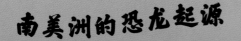

埃雷拉龙

46 真不可思议啊

埃雷拉龙既像鸟又像爬行动物，更奇怪的是，它虽然是三叠纪时期的恐龙，但却长得更像侏罗纪时期的恐龙！

47 欧洲最早的恐龙

300万年之后，在现今巴西和阿根廷的广阔土地上到处奔跑着一种小型的食肉恐龙。它们的身长约是始盗龙的2倍，它们就是南十字龙（"属于南十字星座的爬行动物"）。这样命名是因为最初它们的化石是在南半球被发现的，这就像只能在北半球看到小熊星座，只能在南半球看到南十字星座一样。

48 跳龙

另外一种小型恐龙在这段时间内进化了不少，它们就是跳龙（"爱蹦跳的双脚"）。跳龙身高像一岁孩童大小，但体重只有1公斤，就像小猫一样轻。这种南十字龙的近亲生活在现今苏格兰北部，通过跑跳以捕捉到的昆虫为食。

雷龙

最小的恐龙

世界上最小的恐龙是鼠龙（"老鼠般的爬行动物"），体长18~40厘米，就像电脑键盘一样大。鼠龙生活在距今约2.15亿年前的阿根廷。

50　最古老的恐龙

我们已经了解了鼠龙，接下来要讲讲最古老的蜥脚类恐龙——雷前龙。它们生活在距今2.21亿~2.1亿年前。雷前龙名字的含义是"在雷鸣之前"，它们可是雷龙的老祖先呢。雷前龙身长约10米，体重足有2吨。鼠龙啊，你们快分散开吧！

三叠纪的演化

现实与虚构

51

本书中我们将聊到哥斯拉——电影中最著名的大恐龙。但是你知道它名字的灵感来源于现实中的恐龙吗？那就是哥斯拉龙或者哥吉拉龙（在日本人们把哥斯拉称作哥吉拉）。这种恐龙身高约7米（就像一座2层楼高的建筑物），但是却十分精瘦——它们只有250公斤重！哥斯拉龙是三叠纪时期最大的食肉恐龙。

这是个秘密

52

有些事情总是扑朔迷离。英国的考古学家找到了3块骨头化石，有人猜测这些是类似始盗龙的初代兽脚类恐龙的化石，但也有人说这是最后一批主龙类恐龙的化石。现在人们将这部分化石的主人称作无父龙，意思是"来自未知的祖先"。

理应会有的疑问

53

你还记得吗？主龙类恐龙的股骨上长出了第4个隆起的骨节，而人的股骨上通常只有3个骨节。恐龙长出的第4个骨节帮助它们更加顺利地进化出只靠后肢行走的直立姿态。

波斯特鳄

始盗龙

原蜥脚类恐龙

原蜥脚类恐龙是生活在三叠纪和侏罗纪初期的一种食草恐龙。它们食量很大，因此可以长到超过6米长。原蜥脚类恐龙大家族中的所有成员都拥有长长的脖子和小小的脑袋，它们的前肢较后肢更为短小一些，拇趾上都长有起自卫作用的尖趾甲。大部分原蜥脚类恐龙都可以用后肢支撑自己的重量，但行走时还是要四肢并用。

始盗龙

我不是你的父亲：我是你的兄弟呀

在很长一段时间里，人们都坚信原蜥脚类恐龙是蜥脚类恐龙的祖先（由它们的名字推断而来）。但是现如今我们了解到，它们是以不同方式进化而来的"家人"。不论是原蜥脚类恐龙还是蜥脚类恐龙，都是由蜥脚形亚目恐龙进化而来的。

三叠纪时期的化石

56 巴西的"古罗马节日"

寻找三叠纪时期恐龙化石的最好地点要属南美洲。人们在巴西的南大河州发现了农神龙的化石，它体长不到1.5米，是最原始的蜥脚形亚目恐龙之一。由于它的化石是在1999年冬天被发掘，而且狂欢节（起源于农神节）期间又发现了不少农神龙化石，因此人们用古罗马的农神节（古罗马12月中旬祭祀农神的节日）来为它命名。

57 "反感"化石的炸弹

另一批也属于蜥脚形亚目的恐龙是槽齿龙（"长有中空牙齿的大蜥蜴"）。所有已被发掘的槽齿龙化石都在二战期间被毁坏了，始作俑者便是德国，它向英国投放了无数炸弹。但战后人们仍陆续在英国发现了新的槽齿龙化石。

58　小妖精和大恐龙

在三叠纪时期地球上还生活着塞龙属恐龙。人们最初发现的塞龙属恐龙化石缺了一只爪子，因此人们为其命名"SACI"——这是巴西童话中只长了一只爪子的勇敢的小妖精。塞龙属恐龙体长只有1.5米，身高70厘米。可惜我们永远不会知道SACI小妖精的身高是多少！

59　属于黑水的恐龙

最后我们用黑水龙（"生长在黑水地区的蜥蜴"，它们其实也生活在现今南大河州）来结束巴西之旅。研究表明黑水龙的近亲板龙生活在离它们很远的地方，这也说明三叠纪时期恐龙可以在盘古大陆上自由驰骋。

60　智利最棒的恐龙

在某些国家，想要发现新的恐龙品种是很困难的事情。比如在智利人们只发现了一些化石的碎片，而它们太过微小了，研究者很难分辨出它们是已知动物的化石还是新品种恐龙的化石。直到2003年，古生物学家大卫·卢比拉尔和亚历山大·巴尔加斯发现了智利多梅科龙的化石，这可是第一只百分之百属于智利的恐龙！通过研究这具化石，科学家确定这种恐龙生活在白垩纪时期，体长约8米，用四肢行走。

三叠纪时期的景象

61 阿根廷的珍宝

阿根廷的伊斯奇瓜拉斯托有许多古老的恐龙化石，这些化石的质量、数量和该发现的重要性使得这里尤为珍贵。伊斯奇瓜拉斯托是世界上唯一一处包含了整个三叠纪时期所有恐龙化石的地方。

三叠纪时期

盘古大陆

特提斯海

62 中等体型的恐龙

在阿根廷伊斯奇瓜拉斯托地区发现的四脚动物化石中，每100只中只有6只是恐龙。这是因为在三叠纪时期恐龙还是很少的。

308

难以置信的景象

在三叠纪中期，盘古大陆出现分裂征兆：盘古大陆北部即将形成劳亚古大陆（包含了北美洲和亚欧大陆大部分地区），在南部即将形成冈瓦纳古陆（包含了南美洲、非洲、南极洲、澳大利亚和印度半岛等）。

冈瓦纳古陆的植被

在二叠纪时期出现过一种植物，名叫舌羊齿类植物，但它在三叠纪时期就灭绝了（植物像动物一样会灭绝的），随后出现了二叉羊齿类植物。冈瓦纳古陆上的植物群还包括绛车轴草、宽叶植物丛林和原始松柏密林。

侏罗纪时期

劳亚古大陆

特提斯海

冈瓦纳古陆

劳亚古大陆的植被

劳亚古大陆上的植被与冈瓦纳古陆的有所不同：这里生长着一些茂盛的松柏类植物——伏脂杉类植物和早期棕榈类植物，无数大小不一的蕨类植物（其中一些比人还要高大），还有银杏，这是一种如今只能在中国看到的树。你知道最奇怪的是什么吗？以上几种植物全都不会开花，当然了，在那时花朵还不存在。

恐龙中的巨人——板龙

66 三叠纪时期的"高塔"

凭借着约10米的身长，板龙（"平板状的蜥蜴"）成为了三叠纪时期最大的恐龙。它全身最扁平的地方便是那颗小脑袋。板龙摇晃着巨大的身体漫步在现今德国和格陵兰岛之间，而这块区域在三叠纪时期还是一片被植被覆盖的炎热的平原。

板龙

67 它伸长了脖子

板龙是最原始的大型食草恐龙，也是能吃到高高的树枝上的叶子的第一种恐龙，这都多亏了它长长的脖子。它的后肢和脖子都很长，这使得板龙能吃到更高地方的树叶。在吞食树叶时它还会用爪子来抓住树枝。

 最有"深度"的恐龙

板龙创造的另一个记录便是其化石埋得最深。人们在一次钻探时发掘出板龙的骸骨化石，这块化石位于北海海平面以下2256米的地方。

恐龙的脚掌

在板龙的时代，没有哪只原蜥脚类恐龙能够将前肢的脚掌向下翻转。因此不论体型大小，恐龙都必须平衡好尾巴和胸腔，把身体重量放置在后腿上。

血是温的吗

学者马丁·桑德尔和尼克·科雷恩认为，板龙类恐龙体型上的差别意味着它们仍然像爬行动物一样是冷血动物。这是为什么呢？爬行动物能够随环境条件来调节自身生长节奏，因此同一种类的两只爬行动物即使年龄相同，但体型可能会表现出极大的不同。

71 哪里能看到板龙

德国是能观赏到板龙骨架化石最好的去处，不论是在柏林洪堡大学自然博物馆、蒂宾根大学地理和古生物博物馆还是斯图加特自然历史博物馆，你都能欣赏到板龙骨架化石。

72 你也许不属于这个家族

有一种三叠纪时期的原蜥脚类恐龙，名字叫作祖父板龙（"板龙的祖父"），人们始终没有弄明白它与板龙之间有什么联系：它是板龙的祖先还是板龙的后代呢？也许它们是同时代的生物？我们也只有在挖掘出它的化石时才能解开这些疑问了。

腔骨龙

73 中空的恐龙

三叠纪时期最著名的恐龙就是腔骨龙了。它的名字意思是"空心的形态"，实际上它的大部分骨头内部都是空的。因为在头骨两侧都有洞，腔骨龙的头部变得很轻，它的嘴巴也比一般恐龙更长一些，这种恐龙天生就是擅长快跑的运动好手。

腔骨龙

74 全方位的撕咬

腔骨龙的颌让它能够像锯一样来回撕咬猎物。它开合嘴巴的同时也进行撕扯的动作，这多吓人啊！

75 许愿骨

腔骨龙是第一种长有叉骨的恐龙。叉骨是由鸟类或部分兽脚类动物左右锁骨及退化的间锁骨演变而来的。叉骨又名"许愿骨"，传说有两个人为了得到最大的许愿骨而抛弃了一切，相传得到最大的许愿骨的人将实现一切愿望，但直到今天都没人用恐龙的叉骨尝试过……

76 矮小的"骏马"

另一种常见的恐龙是鞍龙，现今已经发现了20多具鞍龙的化石。它名字的含义是"带有鞍座的爬行动物"。鞍龙狭长的爪子上有5根脚趾，在它穿越现今中欧地区广阔的沙漠时，这些脚趾能够帮助它分担身体的重量。

双型齿翼龙

疑问重重的澳大利亚恐龙

澳大利亚最古老的恐龙应该是野龙（"原野中的爬行动物"），它们生活在距今约2亿年前。但是有的科学家认为野龙只是另一种槽齿龙，如果是这样的话，澳大利亚最古老的恐龙就转而变成侏罗纪时期的蛇齿龙和澳大利亚盗龙了。

鱼龙

凶险的海洋

三叠纪时期的海洋中充满了生命体。会游泳的爬行动物一边划动着四肢，一边用尖利的牙齿捕食着鱼类。长得很像海豚的鱼龙生活在浅海区，它们与生活在陆地上的恐龙一直都是和平相处。

79 一种恐龙的5种名字

有些恐龙比其他恐龙更会惹麻烦。1908年富勒贝尔·豪森把一些化石归于三叠纪时期的爬行动物巨齿龙。另一个名为埃伯哈德·弗拉士的德国人认为这应该是槽齿龙的化石，然而很快他就改变主意了，把恐龙的名字改成了帕莱欧龙。但后来人们又将其与鞍龙混淆在一起，并最终赋予这种恐龙埃弗拉士龙的美名，用来纪念第一个发现错误的那个德国人。一种恐龙先后有5种名字，这还真是混乱啊！

80 它没有我们认识的亲戚

原美颌龙是一种生活在距今约2.22亿年前的原始兽脚类恐龙，它于距今约2.19亿年前灭绝。虽然它名叫原美颌龙，但没有任何证据可以表明它是侏罗纪时期美颌龙的祖先。

81 一次艰难的推断

我们先撇开不谈原美颌龙和美颌龙有没有亲属关系。原美颌龙是一种长有瘦长爪子的二足类动物，身长还不足1.2米。它的嘴巴里长满了锋利的小尖牙，平日以昆虫和小蜥蜴为食。原美颌龙生活在盘古大陆的内部，直到今天人们只发现了一具原美颌龙的化石，能从这唯一的化石中得知这些线索已经很不错了，不是吗？

315

走向又一次灭绝

82 假设原美颌龙毒性很大

在《侏罗纪公园》一书中，迈克尔·克莱顿将原美颌龙虚构成了一种毒性很强的恐龙，尽管没有任何史料可以证明这一假设。但话说回来，我们对于"原美颌龙"知之甚少，因此一切皆有可能……

美颌龙

83 基于嘴部化石的推论

人们仍然不能确定芦沟龙是一种恐龙还是一种镶嵌踝类主龙，因为我们现在仅拥有1938年在中国出土的芦沟龙的嘴部化石。如果最终证明芦沟龙是一种恐龙，那它一定属于兽脚类恐龙或角鼻龙。

美颌龙

牛角龙

84 呱呱，听青蛙在唱歌

青蛙和蜥蜴的祖先都出现在三叠纪时期。这些哺乳动物慢慢地进化着，在中生代时期它们并未凸显出在自然界的重要位置，并且差一点就没法出现在历史长河中了……

雷塞兽

85 到处都有恐龙

在中生代时期，体长超过1米的陆上动物几乎都是恐龙。

86 大灭绝，只在神话里见过

三叠纪一侏罗纪时期的大灭绝主要影响了海洋生物，但同样有许多陆地生物因此绝迹，比如大部分的二齿兽（长有巨大尖牙的哺乳类爬行动物）和主龙。这些生物的灭亡，意味着恐龙不能在进化之路上走走停停地碰运气了……恐龙要好好利用这次大灭绝。

侏罗纪时期

侏罗纪时期从什么时候开始

随着第三次生物大灭绝事件，三叠纪在距今约2亿年前结束了。随后到来的是长达7000万年的侏罗纪时期。法国的矿物学家亚历山大·布隆尼亚尔在研究位于德国、法国和瑞士边境的侏罗山时，为该时期取名为侏罗纪时期。

三叠纪时期

侏罗纪时期

 盘古大陆分裂

在侏罗纪时期，盘古大陆开始分裂：其中辛梅利亚大陆和欧亚大陆彼此撞击着，随着撞击逐渐出现了名为法雅的深达几千米的山体裂缝。辛梅利亚大陆开始分裂成美洲大陆和非洲大陆并形成了大西洋，裂缝还在向着美国延伸，这条深深的裂缝便是今天密西西比河流经的地方。

3个著名的辛梅利亚

历史上曾出现过3个著名的辛梅利亚：那块分裂成了美洲和非洲的辛梅利亚大陆；7世纪时中欧的一个部落；罗伯特·欧文·霍华德在探险漫画《野蛮人柯南》中虚构的那块神话土地。

90 生活在海岸

在三叠纪时期，盘古大陆内部大部分地区的气候都十分不利于生物生存，但是在距离大陆内部几千公里的海岸位置则发现了生命迹象。最先适应了全新的气候条件而生存下来的不是恐龙，而是植物。

91 气候大改变

侏罗纪时期地球的气候再次变得十分潮湿，但是仍旧炎热。这种气候有利于大草原和森林的形成，并且还促使各种蕨类植物和松柏类植物大量生长。食草动物从此可以无忧无虑地大快朵颐了，而这也是它们体型日渐庞大的原因。紧随其后，食肉动物也变得越来越庞大了。

321

美颌龙

92 恐龙的分布

侏罗纪时期大量的恐龙都集中在欧洲。"侏罗纪海岸"位于英国南部地区，由于发现了大量的动植物化石，该地区已经被联合国教科文组织列入《世界自然遗产名录》。然而在美国和加拿大人们只挖掘到少量的侏罗纪时期的化石。

异特龙　　剑龙

93 最后的大型食肉恐龙

从侏罗纪开始，兽脚类恐龙便是地球上唯一的陆上大型食肉恐龙了。在侏罗纪时期，异特龙、中华盗龙、依潘龙和单脊龙等都十分显眼。

美颌龙

"优美的颌"，这就是美颌龙名字的含义，而且美颌龙的化石是人们发掘的第一具基本完整的恐龙化石。美颌龙是一种身长约1米，身高约0.5米，用后肢行走的爬行动物。它们生活在距今约1.5亿年前，化石发现于法国和德国。

美颌龙

95 是羽毛还是鳞片

美颌龙

我们不知道覆盖在美颌龙皮肤上的是羽毛还是鳞片，通过研究在德国出土的一小片美颌龙皮肤化石，我们推断它可能全身都被一种很短的羽毛覆盖。但是与美颌龙十分相似的侏罗猎龙的皮肤则只有一层鳞片覆盖。我们什么时候才能解开这些疑问呢？

96 因被捕食而变得有名

体型最庞大，脖子很长，牙齿超级锋利……这些都可能是恐龙被载入史册的理由，但巴伐利亚蜥却因为被一只美颌龙吃掉而变得名声大噪。在德国出土的一些美颌龙化石中，人们发现了巴伐利亚蜥的骨架化石。这是一种又小又敏捷的蜥蜴，因此美颌龙必须凭借敏锐的观察力和飞快地奔跑才能捉住它们，享用这些美餐。

牛龙

美颌龙

长有头冠，十分疯狂

它们长了两个头冠

侏罗纪早期的大型食肉恐龙之一便是双脊龙，"长着两个头冠的蜥蜴"是对这种捕食者外观最好的描述。双脊龙大概是想用它的两个头冠吸引异性吧。

有的却只有一个头冠

单脊龙的头上只有一个头冠。它要比双脊龙体型稍小一些，但体重（约700公斤）却重得多。在中国的海边人们找到过单脊龙的化石，这说明单脊龙可能以鱼类为食。

脆弱的颌骨

也许双脊龙的外观非常可怕（体长约 6 米，重达 500 公斤），然而它们的颌骨却细长且脆弱，因此双脊龙更多时候使用锋利的爪子来捕食。此外双脊龙还是腐肉爱好者，它们最喜欢吃已经死掉的动物的尸体。

双脊龙

从严寒中走来的恐龙

冰脊龙（"长着冰冷头冠的蜥蜴"）是一种生活在距今约2亿年前的两足行走的恐龙。这种兽脚类恐龙是最原始的坚尾龙类恐龙。冰脊龙是第一种被正式命名的南极洲恐龙。

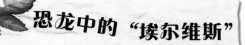 **恐龙中的"埃尔维斯"**

冰脊龙奇怪的头冠并非沿头颅骨纵向生长，而是垂直于头颅骨位于眼睛上方。有人说这种头冠像极了20世纪50年代埃尔维斯·普雷斯利的高耸发型。因此，人们又将冰脊龙称作埃尔维斯。

 **气龙**

1985年在中国四川大山铺，人们正筹备修建一座天然气工厂。在勘探时人们发现了一种新的恐龙化石，然而这些化石中偏偏缺少头部。这是一种坚尾兽脚类恐龙，人们为了纪念发现它的天然气勘探工程队，将它命名为气龙。

禽龙

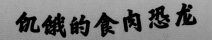

103 它比一辆卡车还要大

凭借着超过15米的体长，危险的依潘龙成为了史上最大的食肉恐龙之一。在距今约1.5亿年前，它以尖牙和利爪为"武器"在现今美国西部的广阔土地上"大开杀戒"。

104 地球上的异特龙

依潘龙很可能是异特龙（"奇怪的爬行动物"）的一种。兽脚类的异特龙在距今约1.56亿年前就出现了，在之后1200万年间一直是陆地的主宰之一。人们在葡萄牙、美国、俄罗斯和中国都找到过异特龙的化石，因此它们也许曾是当时世界上最常见的恐龙。

105 体型庞大，却很轻巧

异特龙有两辆汽车（约9米）那么长，像路灯（约3米）一样高，但是体重却只有2500公斤，它比印度犀牛大一倍，但二者重量却相当。异特龙的体重跟它庞大的身躯可是一点都不配啊。

106 "巨人"的骨头

巨齿龙是最早被命名的恐龙。1676
年，人们在英国牛津城附近发现了一块
化石并将它带给大学教授罗伯特·普罗特研究。
普罗特认为这块骨头大得惊人，一定不
属于任何已知的物种，就这样他得
出了一个结论——这是"巨人"的
骨头！现如今我们研究后发现这不
过是巨齿龙的一块股骨化石。

巨齿龙

107 强大的巨齿龙

巨齿龙是个十足的大怪物。在英
国出土的巨齿龙化石向我们描述了
这个大块头的外形：这是一种体型像公交车
一样大的两足行走的大怪物，它嘴里还长满
了边缘呈锯齿状的巨大尖牙。这太可怕了！

108 我饿了

即使巨齿龙拥有庞大的身躯和残暴的性格，想要捕捉到蜥脚类恐龙对它们
而言十分轻松，但它们却喜欢吃死掉的动物尸体。大家可别觉得奇怪，巨
齿龙虽然是腐肉爱好者，但同时也是捕猎者。要维持这样一副巨大的身躯
可是需要很多很多食物的，正所谓饥不择食嘛。

 **它们视力良好，自带"准星"**

角鼻龙名字的意思是"长着角的爬行动物"。这种兽脚类恐龙鼻子上方有一只短角，头部和眼睛前方也有像角一样大大的突起，所以它们瞄准猎物的能力一定很好。角鼻龙都是成群进行捕猎的。

角鼻龙

110 捕龙的猎手

在中世纪，人们常把恐龙和龙混淆在一起。但是恐龙中也有像圣豪尔赫一样优秀的捕龙高手：它叫龙猎龙，名字的含义便是"捕龙高手"。

腕龙

 它们长高了

在侏罗纪末期有一群恐龙突然长得很高，它们就是蜥脚类恐龙。这种巨大的食草恐龙的长脖子上顶着一颗小小的脑袋，身后还拖着长而有力的尾巴。蜥脚类恐龙靠四条粗壮的腿行走，但不乏能靠后肢站立一会儿的能手。它们为了吃到高处树枝上的叶子会使劲伸长自己的脖子，因为越高的地方叶子越多。

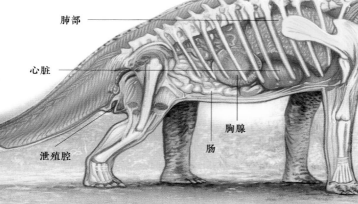

椎骨

肺部

心脏

胸腺

肠

泄殖腔

圆形的足迹

虽然蜥脚类恐龙的脚不是圆形的，它们的脚印却是圆形的。这是为什么呢？原来它们后肢的脚板上有圆形的小肉垫。在行走时只有这块小肉垫接触地面，因此会留下圆形的痕迹。在阿根廷、巴西、印度和蒙古都能观赏到蜥脚类恐龙的脚印化石，最大的脚印甚至超过了1米长呢。

重龙行走时，后肢会留下较大的脚印，而前肢留下的脚印则小一些。

重龙

蜥脚类恐龙的爪子是由巨大的骨头组成的。这些骨头能很好地承受巨大身躯的重量。

梁龙

恐龙的爪子

最原始的蜥脚类恐龙能够很好地运用自己的爪子，但是为了生存它们必须舍弃爪子。这样一来，它们的爪子为了承受体重就变成了强壮的圆柱形四肢。

长得更大了

114 骗人的雷龙

在1877年，古生物学家奥塞内尔·查利斯·马什将一种新发现的恐龙（化石）取名为迷惑龙（"骗人的蜥蜴"），因为它的尾巴看上去跟鱼龙（参见第399页）的尾巴很像。许多年后人们发现了另一种保存得更加完整的恐龙化石，并为这种恐龙取名雷龙（"声音像雷一样大的蜥蜴"）。但在1903年人们发现雷龙不过是成年的迷惑龙而已，因此科学家决定就以已经使用的迷惑龙来命名这种恐龙，雷龙从此就变成了一个动听的别称。

迷惑龙

115 迷惑龙来了

迷惑龙拥有高达4.5米的身高，长达20米的体长（就像5辆小汽车）和大约40吨的体重，因此每当这些庞然大物迈开大步行走时，像雷鸣一般的脚步声便会响彻整片侏罗纪平原。40吨的重量约等于26辆小汽车！

迷惑龙

116 震耳欲聋

迷惑龙如果用后肢支撑自己站立起来的话，简直"高耸入云"。如果这时它们摔倒了，那声音大概就像雷声一样震耳欲聋。

117 我的头在哪儿

1975年人们首次辨认出了一颗迷惑龙的头骨化石。在那之前，所有关于这种动物的雕塑和绘画都是错的：人们错把同时期的另一种恐龙头部安在了迷惑龙的脖子上。那种恐龙体长约20米，喜欢吃的植物也和迷惑龙完全不同。

圆顶龙

庞大的腕龙

118 好难的谜题

什么动物体长能达到25米，高度有4层楼那么高，体重又在35~90吨之间呢？如果你的答案是腕龙的话，那么恭喜你回答正确！这种"手臂极长的爬行动物"（起初腕龙的发现者将注意力全集中在了它修长的前肢上）如果想吃到高处的树叶，无需站立起来，只要伸长自己长达12米的超长脖子便可以办到。

腕龙

119 腕龙大家族

有3种腕龙被人熟知：1900年埃尔默·里格斯在美国的科罗拉多州和犹他州发现的高胸腕龙；1914年在坦桑尼亚发现的颅骨鼻腔较高的长颈巨龙；1957年埃什特雷马杜拉在葡萄牙发现的葡萄牙巨龙。以上3种腕龙都生活在距今约1.45亿年前。

120 腕龙的心脏

腕龙拥有一颗十分强有力的心脏，这颗心脏能够让血液流经长颈直至它高昂的头颅。当腕龙不进食的时候，它就把脖子水平放置，这样就能更好地进行血液循环。一些科学家认为也许腕龙在脖子中还长有第二个心脏，用来将血液运输至全身。

腕龙

圆顶龙

121 十分差劲的游泳者

直到20世纪90年代人们都习惯于把腕龙画在湖里或小溪中，但事实上所有的证据都表明腕龙只在水中浸泡很短的时间。腕龙在水中时能更轻易地移动它巨大的身躯，但由于它的四肢太过细长，一旦陷入水底的泥沙中便很难挣脱。

122 最长的恐龙

如果说起世界上最大的恐龙，我们最先想起的会是梁龙，而不是腕龙。说到恐龙，梁龙的身体是最容易画出来的：粗壮的四肢，长长的脖子和尾巴。这么多年来，梁龙都用它长达27米的身体说服着人们——它才是已知的最长的恐龙。

梁龙和其他巨型恐龙

123 "减肥"的骨头

在距今1.59亿~1.44亿年前，现今北美洲的广阔大陆上不仅生活着梁龙，还随处可见许多其他巨型爬行动物，比如圆顶龙。人们之所以将这种恐龙命名为圆顶龙，是因为它的脊椎骨中存在中空区域（或者说存在像圆顶房间一样的腔），这些中空的骨头能让圆顶龙身体更轻便。毕竟圆顶龙的骨架要比梁龙的粗壮2倍左右，即使长有这么多中空的骨头，它的体重还是超过了20吨。

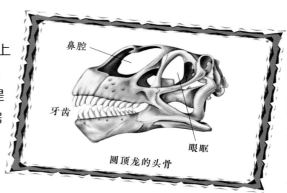

鼻腔

牙齿

眼眶

圆顶龙的头骨

124 好长的尾巴

梁龙的尾巴真是一个奇迹：尾巴极长，拥有超过80节椎骨。梁龙可以用尾巴防身，可以用尾巴制造出声响吓走敌人，也可以把尾巴当"砝码"，即用尾巴的重量平衡它长达6米的脖子。

125 多加小心：娇弱的恐龙

1986年，欧阳辉在中国发现了一些恐龙化石，因其头颅骨有修长的骨柱支撑着，欧阳辉便给这种恐龙取名为文雅龙（"娇弱的恐龙"）。

梁龙

奇妙的蜀龙

长达12米的身体，约5米的高度和重达8吨的体重……没错，这就是生活
在距今约1.7亿年前的中国的蜀龙。它可是蜥脚类恐龙中一个亮眼的代表：它
的尾巴末端长有一个带刺的锤子，在蜥脚类恐龙中拥有这个利器的幸运儿就只有
蜀龙。

蜀龙

剑龙

插在身上的剑

剑龙（"长有板状物的爬行动物"）是一种生活在距今1.56亿~1.44亿年前的食
草恐龙，其化石多见于美国和葡萄牙，是人们最熟知的恐龙之一。剑龙的尾巴上
长有4根尖锐的大刺，每根约60厘米长，除此之外背部还长有一排宽大的板状物。

机敏的剑龙

128 剑龙的剑板

剑龙背部剑板的位置多年以来一直被人们反复讨论，每当人们又发现了保存更加完整的化石时，讨论便更加激烈。如今我们可以肯定地说这些剑板以垂直的方式分成两列"插"在剑龙的脊背上。剑龙是唯一一种长有这种剑板的爬行动物。

129 板状物

剑龙身长约9米，对它而言这些板状物有什么用呢？这些板状物十分坚固，能够抵御敌人的攻击，但是它们又太过庞大了，有些板状物甚至比一整只异特龙或角鼻龙还要大。这些板状物内丰富的静脉血管使得它们呈血红色，内部密布的血管和鲜红的血液清晰可见。

130 剑龙的体温

剑龙吞食的许多植物在它体内消化后会产生巨大的能量，因此剑龙就用它的剑板来为自己降温。如果没有这些剑板来帮助降温，剑龙会热死的！

脑子很小

剑龙长着细长的小脑袋，它的大脑只比核桃大一点儿，可能是所有恐龙中最小的一个。

剑龙

机敏的剑龙

长有两个大脑的恐龙

132

也许剑龙比人们认为的要更聪明。恐龙的伟大发现者奥赛内尔·马什在1880年发现了一根柱状骨头化石，这根骨头化石内可以嵌入控制尾巴运动的第二个大脑。从1990年起人们便认为在这个中空的部位（鸟类骨骼中同样存在）曾经存在一个供给能量的器官。这实在太有趣了！

剑龙

肯龙

剑龙和它的"亲戚"

133

我们谈论恐龙时，通常只会提到最典型的种类，但其实还存在着另外一些不那么出名的种类。比如肯龙（"背上有钉状物的恐龙"），它也是一种剑龙，化石发现于东非。这种恐龙身上的刺从脊背中部一直蔓延到尾巴末端。剑龙的另一位至亲便是华阳龙，这种恐龙身体两侧长有两根长刺。值得一提的是，剑龙类恐龙中体型最大的还是剑龙。

剑龙的食谱

剑龙无法吃到高处的树枝，因此它只能以苔藓、花朵、成熟后掉落的果实和蕨类为食。在西方，人们认为上帝在制造剑龙时花费了太多精力在剑板上，所以忽视了它的嘴巴：像平板一样的牙齿无法充分咀嚼植物，而且剑龙的颌骨只能进行小幅度活动，所以它只能多吃些石头（我们称为胃石）来帮助胃里的植物更好地消化。

剑龙

棱背龙

 最原始的装甲恐龙

棱背龙是生活在侏罗纪初期的轻度装甲恐龙，化石发现于北美洲和欧洲。人们认为棱背龙是甲龙的祖先，也是剑龙的兄弟。

加尔瓦龙和盗龙

136 西班牙的恐龙

1990年在西班牙的特鲁埃尔省加尔瓦村发现了西班牙的第6只恐龙——加尔瓦龙。这是一种体长约15米，体重却只有8吨的食草恐龙。1.45亿年前，现今的特鲁埃尔还存在部分海岸，这些加尔瓦龙就生活在靠海的地方。在这片土地还发现过其他40只恐龙。

三角龙

霸王龙

迅猛龙

137 盗龙类恐龙

奔龙是一群生活在侏罗纪的兽脚类恐龙，它们猎食的足迹遍及现今北美洲、欧洲、北非及日本、中国、蒙古和马达加斯加。奔龙名字的含义是"快捷的蜥蜴"，人们也称其为"盗龙"。

138 盗龙大家族

这个掠食者组成的大家庭的第一次亮相是在距今约1.67亿年前，它们一直存活到恐龙时代的末期。盗龙外形最大的特点就是它脚上有巨大的爪子，但人们挖掘出侏罗纪时期盗龙的化石最多的却是它的牙齿化石。这些牙齿一定相当坚固！

139 最大的奔龙

盗龙家族的所有成员都是敏捷的偷盗者，它们都长有尖利的爪子。整个家族里体型最大的恐龙是其他恐龙真正的噩梦，它就是生活在距今约1.2亿年前的美国的犹他盗龙。这种盗龙体长约7米，重量可达1吨。

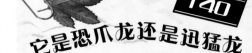

140 它是恐爪龙还是迅猛龙

电影《侏罗纪公园》中最危险的掠食者之一便是迅猛龙。电影中的迅猛龙体长达到了2米，而实际上它们体长不过1米。那么这些迅猛龙是导演虚构的吗？答案是肯定的，也是否定的：电影中的迅猛龙家族与另一种骇人的盗龙——恐爪龙相融合了。这样一来，斯皮尔伯格电影中的恐爪龙说到底还是一种迅猛龙。

141 科幻电影中的错误

迈克尔·克莱顿的小说《侏罗纪公园》及改编而成的一系列同名电影在全世界掀起了一股恐龙的热潮。但这座公园中的大部分恐龙都并非来自侏罗纪时期，比如三角龙、迅猛龙和暴龙，它们都属于白垩纪时期。

恐爪龙

迅猛龙

341

白垩纪时期

三叠纪时期

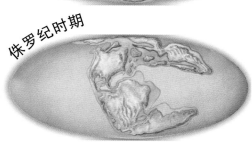

侏罗纪时期

白垩纪时期

上白垩纪时期

142 盘古大陆的终结

白垩纪开始于距今约1.35亿年前，这时的冈瓦纳古陆分裂成了4块小的陆地：非洲、南美洲、印度古陆和南极洲与大洋洲的组合。3500万年后南美洲开始远离非洲，向西边移动，同时印度古陆继续向北边的欧亚大陆移动，每年大概移动15厘米：看起来这15厘米微不足道，但它却决定了每个大洲的形成。

143 最好的时代

毫无疑问，白垩纪时期对于恐龙而言是最好的时代，此前它们从未如此形态各异，从未如此力敌千钧，从未如此聪颖机敏，也从未体验过如此美好的生存环境……当然了，如果最后恐龙没有灭绝那就更好了。

144 唯一长有喙的恐龙

原角龙（"第一张有角的脸"）是一种长有喙的食草恐龙，整个白垩纪时期它们都生活在现今亚洲和北美洲的土地上。原角龙是整条历史长河中唯一拥有"鸟喙形骨头"的动物。

145 鹦鹉嘴龙

角龙家族的大部分恐龙都属于四足动物，但家族中最古老的一种恐龙是靠后肢直立行走的，它就是鹦鹉嘴龙，或者我们可以称它为"鹦鹉蜥蜴"。这种体型跟羚羊差不多大的恐龙身体十分轻便，嘴里还长满了呈三叶状的牙齿。

鹦鹉嘴龙

146 鹦鹉嘴龙的变体

鹦鹉嘴龙生活在距今1.3亿~1亿年前。直到今天，人们已经在中国和蒙古发现了8种不同种类的鹦鹉嘴龙化石。

147 鹦鹉嘴龙的皮肤

有关鹦鹉嘴龙的另一个奇迹便是——我们十分了解它的皮肤是怎样的！人们曾在中国发现了一具保存十分完好的鹦鹉嘴龙化石，皮肤上的大小鳞片全都清晰可见，众多的较小鳞片排列于较大鳞片之间。科学家甚至还发现鹦鹉嘴龙的尾巴上覆盖有极长的羽毛，它们很有可能通过这些原始羽毛相互沟通。

神奇的带角恐龙

148 最后一批恐龙

三角龙像现代的水牛一样是群居动物。当1887年第一具三角龙化石被发现时，古生物学家还以为发现了水牛的新种类。三角龙是最晚出现的恐龙之一，在白垩纪末期它们成了随处可见的食草恐龙。

149 巨大的三角龙

三角龙（"长有三只角的脸"）身体很长，就好像两头猛犸象站成一列：它体长约9米，重达7.5吨。三角龙的头部太大了，看上去就好像在脖子上放了一只陆栖动物，这个大脑袋的长度竟能达到3米！

三角龙

150 你可别激怒我

人们目前已发现了许多三角龙的化石。据分析，这种恐龙常常被卷入战斗中，因为三角龙一直都是令食肉恐龙垂涎欲滴的美味，其庞大的身躯看上去就像7吨会移动的鲜肉。但是三角龙的头骨化石被发现时都保存完好，因为它们的头部要足够坚硬才能帮助它们撞击捕食者！

戟龙

151 用途多样的角

三角龙前额长有两只长达1.5米的角，鼻子上还有一只稍小一些的角。一般人们认为三角龙用这些角防御大型食肉恐龙的攻击。但也有人认为或许它们是用这些角固定颌部的肌肉，或是晃动大角与同伴交流并吓跑敌人。

152 如果你能完整地拼出三角龙……

直到今天人们都没有发现过一具完整的三角龙化石，但是已出土的大量化石仍然把三角龙变成了人们最熟知的一种恐龙。关于三角龙的谜团也许有一天会解开。

尖角龙

153 反方向的角

还有一种奇特的角龙，名叫野牛龙。它的名字便足以说明一切："长着朝前弯曲的角的水牛蜥蜴"。除了它盾牌一般坚硬的头冠上的两只短角以外，它的鼻子上还长着一只向前弯曲的角。直到今天，人们只在美国发现过野牛龙的化石。

难以言喻的禽龙

154 禽龙

禽龙的化石于1822年被英国地质学家吉迪恩·曼特尔发现。因为它的牙齿像极了鬣蜥的牙齿，所以吉迪恩一看到这些化石就为它想好了名字——禽龙，含义就是鬣蜥的牙齿。

155 喙

由于禽龙的喙一直不停地生长，所以它们必须一直磨自己的喙，用喙啃咬各种树叶。因为如果它们不这么做，最终将会被自己的喙扎死。

禽龙

156 它们有的长，有的短

不同种类的禽龙之间也存在许多差异：菲顿禽龙的体长只有6米，而贝尼萨尔禽龙的体长则达到了13米。

157 禽龙长笛手

在白垩纪时期，现今欧洲的大部分地区都被水淹没。在那片内海中存在几座岛屿，岛屿上同样生活着许多恐龙，但它们比同时期的恐龙体型略小。其中之一就是凹齿龙（"牙齿像笛子"），这是一种身高约2米，体长约12米的小型禽龙。它们一般用四肢行走，也能仅靠后肢直立行走。它们生活过的岛屿形成了今天的西班牙、法国和罗马尼亚。

棱齿龙

禽龙

349

阿马加龙和棱齿龙

158 阿马加河的恐龙

阿马加龙是短脖子的蜥脚类恐龙家族中的一员。它体长约10米，高约4米，重量达到了8吨，它的特点便是背部长有两排鬃毛状的长刺。第一具阿马加龙的化石是在阿根廷的阿马加河流域附近被发现的。

阿马加龙

159 神秘的"帆"

我们可以肯定的是阿马加龙背上的棘刺被一层皮肤包裹着，因此它的背部看上去就好像撑起了许多"帆"。棘背龙或无畏龙的背上都长有类似的"帆"，但人们对于这些"帆"的作用一直处于争论中：这些"帆"究竟是被用于交流还是被用于降温散热呢？

160 请给我看看你的牙齿（1）

最早的棱齿龙化石是在1849年被人们发现的，当时大家都把这种恐龙跟禽龙搞混了，直到1870年才发现了两者之间的巨大差异：棱齿龙长有28颗形似树叶的棱状牙齿，而且与其他恐龙不同的是它还长出了颊部，这种结构能够帮助棱齿龙更好地咀嚼食物。目前人们已经在许多国家发现过棱齿龙的化石，例如西班牙、葡萄牙、美国和英国。

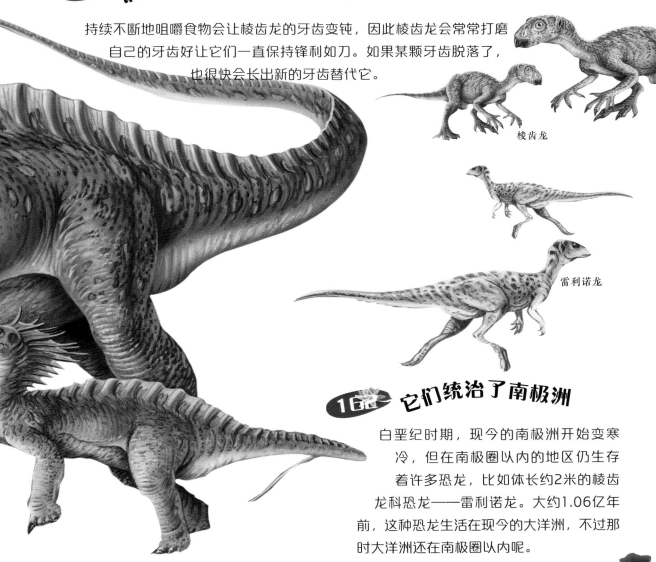

161 请给我看看你的牙齿（2）

持续不断地咀嚼食物会让棱齿龙的牙齿变钝，因此棱齿龙会常常打磨自己的牙齿好让它们一直保持锋利如刀。如果某颗牙齿脱落了，也很快会长出新的牙齿替代它。

棱齿龙

雷利诺龙

162 它们统治了南极洲

白垩纪时期，现今的南极洲开始变寒冷，但在南极圈以内的地区仍生存着许多恐龙，比如体长约2米的棱齿龙科恐龙——雷利诺龙。大约1.06亿年前，这种恐龙生活在现今的大洋洲，不过那时大洋洲还在南极圈以内呢。

鸭嘴龙家族

163 为寒冬做好了准备

相较地球的其他地区而言，极圈以内地区的冬天和夏天都持续得更久一些。对于雷利诺龙而言，连续几周甚至几个月都见不到太阳是司空见惯的一件事，为此它进化得更加高级了：进化出了又圆又大的眼睛。这样就能捕捉到最细微的光亮，同时大脑内控制视觉的区域也进化得十分发达，所有的一切都是为了让它在微光中拥有更好的视力。

慈母龙

164 长着鸭状吻端的恐龙

鸭嘴龙科的恐龙是鸟臀类恐龙家族的成员，这些恐龙在白垩纪的劳亚古大陆和南美洲都十分常见。鸭嘴龙是体型较大的食草恐龙，它们的吻部长有形似鸭嘴的吻端。当然了，这些"鸭嘴"中还长着用于咀嚼植物的牙齿。

鸭嘴龙

飞上太空的恐龙

1995年人们将一块慈母龙的化石送上了太空，因此它成为了第一只经历过太空旅行的恐龙。三年之后，奋进号飞船携带一块腔骨龙的头骨化石在和平号空间站兜了一圈。这两块化石都安然无恙地返回了地球，至今一直保存在美国纽约的卡内基博物馆。

166 一位慈母

1979年美国人杰克·霍纳发现了一只鸭嘴龙科恐龙的化石，如今科学家已经将慈母龙（"好妈妈蜥蜴"）的生活习性研究得十分透彻了。人们找到了慈母龙的幼崽窝化石，里面不仅有蛋壳和幼崽的骨架化石，还发现了树叶、果实和种子的化石，这说明慈母龙会照顾幼崽直到它们长大。这是人们发现的首只照顾幼崽的恐龙妈妈，因此就将其命名为慈母龙。

167 它们长得飞快

刚刚破壳而出的小慈母龙宝宝身长只有50厘米左右，瘦小的身躯十分虚弱。但你可别小看这些恐龙宝宝，它们长得可快了：只需1个月，它们就能长到1米长。2岁的慈母龙体长就有3米了。它们长得如此之快，原因之一大概就是它们是恒温动物。

慈母龙幼崽

肿大的头部，肿头龙

168 这个"头盔"很适合我

有些恐龙的名字起得恰如其分。比如白垩纪时期生活着一种捕食者，它奔跑的速度太快了，因此人们称它为"迅猛龙"。但你知道还有一种头戴"头盔"的恐龙吗？它就是头部长有一个低矮的圆形头冠的肿头龙。肿头龙体长约10米，体重约有4吨。

169 肿头龙的"头盔"

我们了解的有关肿头龙的一切信息，都来自于美国出土的肿头龙头骨化石和其他一些极硬的"头盔"状化石。肿头龙名字的含义是"山丘状头壳的恐龙"，它隆起的颅顶厚度竟达到了25厘米。这可比两块砖叠起来还要厚啊！

170 "头盔"不是武器

人们猜测肿头龙会用它的"头盔"吸引异性目光，或是用它恫吓周围的敌人，但可以肯定的是它绝不会用"头盔"来攻击其他生物：虽然这"头盔"足够坚硬，但肿头龙的脖子韧性极差，如果它把"头盔"当成武器，像食肉动物用角一样去攻击战斗，它的脖子一定会受重伤的。

肿头龙

171 头戴"头盔"的恶魔

肿头龙的近亲名叫冥河龙，顾名思义，它们就是"地狱之河的恶魔"。这种食草恐龙生活在白垩纪末期，为了躲避暴龙的攻击，它们都会成群活动。这么看来它们应该是一种安静的恐龙啊，为什么名字却如此骇人呢？这是因为冥河龙的"头盔"周围布满了尖刺，这使得它们拥有了恶魔般的外表。

冥河龙

355

似棘龙

赖氏龙

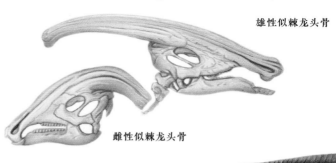

雄性似棘龙头骨

雌性似棘龙头骨

172 鸭嘴龙：我有一个大家族

1912年在加拿大发现了一具冠龙的化石，这是一个十分重要的发现，因为该化石上含有大量的粘连皮肤化石，这可是十分稀有的。在它的旁边人们又发现了其他恐龙的化石，比如似棘龙、赖氏龙或格里芬龙。这说明这些冠龙是与鸭嘴龙群居在一起的。

173 战争的另一名受害者

与陈列在博物馆的化石相比，这具冠龙化石的结局并不完美。1916年，也就是第一次世界大战期间，装载着冠龙化石的英国船只被德国海鸥号巡洋舰击沉。这些恐龙化石沉入了大西洋底，默默等待着有朝一日能有人将它们解救出来。

冠龙

174 会潜水的恐龙（1）

似棘龙是一种长有鸭状吻端的奇怪恐龙。在它的头部向后延伸出了一块长约2米的巨大管状头冠，前端与鼻子相连。当似棘龙潜进水中时，这根管子便可以帮助它呼吸水面上的空气，因此似棘龙最自豪的就是拥有这个空心头冠。同时，它也能利用这个管状头冠发出巨大的声响，以便与同伴交流。

似棘龙

175 会潜水的恐龙（2）

似棘龙能够靠两个后肢行走，也能四肢并用前进。进食时它们较喜欢采用四肢并用的方式，但若需要逃跑，它们就会抬起前肢而仅靠后肢奔跑了。似棘龙体长约10米，有些身高可达5米，重量则有3.5吨。

176 世界上最大的"鸭子"

在加拿大、美国和墨西哥人们都发现过赖氏龙的化石，它是最大的鸭嘴龙科恐龙，也是最大的鸟臀类恐龙之一。你能相信吗？它的体长竟达16米！赖氏龙头部长有跟似棘龙一样的头冠，同样它也能仅靠后肢行走。加拿大早期的古生物学家劳伦斯·赖博发现了赖氏龙，随后就用自己的名字为赖氏龙命名了。

357

177 最后的鸭嘴龙

距今约6500万年前，现今的北美洲生活着历史上最后一种鸭嘴龙，这是一种体长达11米的大型鸟臀类恐龙，名叫大鸭龙（"像大鸭子的恐龙"）。保存完好的一具大鸭龙化石正静静待在纽约自然历史博物馆中，等待着我们的光临。

似鸟龙

似鸡龙

178 飞快的似鸡龙

似鸟龙类恐龙与鸟类有许多相似之处：它们都拥有修长的脖子、锋利的爪子、寥寥几颗牙齿和很像鸵鸟的外形。一个鲜明的例子就是似鸡龙（"鸡的模仿者"），它在沙漠的奔跑时速竟然可以达到60公里。如果似鸡龙还活着，它如此飞快地穿梭在城市中一定会被警察罚款的。

似鸡龙：实用的信息

似鸡龙的化石于1970年被发现，之后有三位古生物学家先后为它命名。这种恐龙体长达6米，体重却不足450公斤，原因是它的骨头也是中空的，只有身体轻便了才能跑得更快啊。

迅猛龙

似鸡龙令人吃惊的大嘴

如果我们将似鸡龙的嘴巴与海龟或海鸟的相比，就会发现它们都会在舌头的帮助下，用嘴过滤水中浮游生物和颗粒物，因此可以断定似鸡龙是杂食性恐龙。

无与伦比的甲龙

181 白垩纪时期的"大坦克"

虽然至今仍未发现一具完整的甲龙骨架化石，但甲龙（"坚固的蜥蜴"）仍是我们心中最为重要的覆盾甲龙之一。甲龙是四足动物中覆甲属性的先例，它们身体上覆盖着骨质甲片，尾巴末端还有带刺的大锤。在整个甲龙家族中，大面甲龙是体型最庞大的，体长可达9米！

甲龙

182 "防御措施"

就像鳄鱼一样，甲龙的整个身体也都被坚硬的骨质甲片包裹保护着。此外，甲龙的头骨和身体的其他部分紧密联在一起，想要把一只甲龙拆分开来绝非易事。

183 甲龙的身体

甲龙除了安全系数极高的"防御措施"外，还拥有一些圆形的坚硬鳞片来保护它的头顶，最厉害的是头顶还长有四根向后延伸的尖锥状的长角。

184 尾巴和大锤

即使保护措施如此周
全，有些勇敢者仍会
前来碰碰运气。甲龙也会攻击敌人，
毕竟最好的自我保护就是给敌人有力的
一击：它的尾巴末端长有沉重且坚硬的骨质大锤，
任其随意甩动，就可能把敌人的骨头打得粉碎。

甲龙

185 奇怪的名字

甲龙有位亲戚名叫敏迷龙，这真是个奇怪的名
字啊。它之所以被这样命名，是因为它的化石
是在澳大利亚一处名叫敏迷的交叉路口附近被
发现的。在距今 1.19 亿~1.13 亿年前，敏迷
龙都居住在这里。

186 不同的甲板

敏迷龙同样身覆盔甲，不论是头部、背部、腹部、
腿部还是尾巴，都被甲板严密地覆盖着。此外，
沿着它的椎骨还长有光盘大小的骨质甲板，这
些甲板能为敏迷龙提供更多的保护。

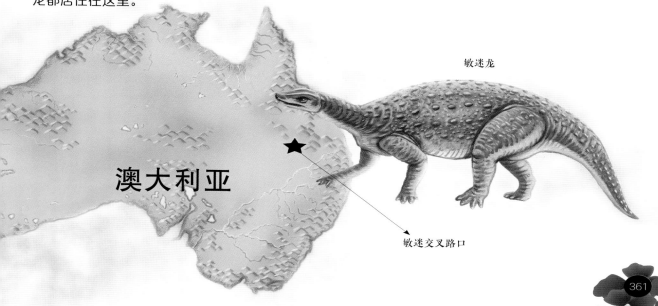

敏迷龙

澳大利亚

敏迷交叉路口

187 最短的名字

现今拉丁文学名最短的恐龙名字是"寐"，这是一种鸭子大小的小型食肉恐龙。最初人们是在中国发现它的化石，"寐"骨架的头部蜷缩在翅膀下面，看上去就像在沉睡。这种恐龙完整的名称是寐龙，顾名思义，"沉睡中的龙"。嘘，你可别吵醒这只"龙"啊……

188 白垩纪的蜥脚类恐龙

白垩纪时期的蜥脚类恐龙仍然在进化着：兽脚类的猎食者们变得更加骇人，而角龙科的恐龙坚持不懈地保卫着自己的领地，巨大的身躯在此时已经不占优势了，因此蜥脚类恐龙毅然决然地往更小的体型进化了。

阿拉莫龙

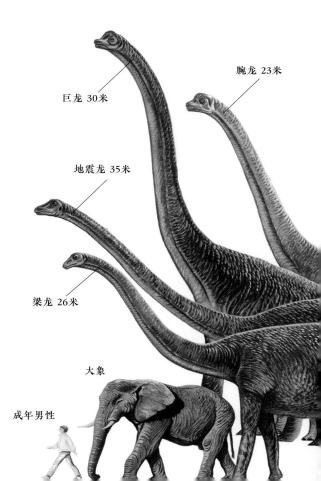

巨龙 30米

腕龙 23米

地震龙 35米

梁龙 26米

大象

成年男性

白垩纪时期

欧洲　亚洲

北美洲

非洲

印度

南美洲

南极洲

18 在北方

北半球的蜥脚类恐龙面临着十分激烈的食物竞争，因此它们的体型日渐变小。但仍存在着许多大型的恐龙，例如蒙古的后凹尾龙（为了支撑约30吨重的身体，它们会把尾巴着地作为一种支撑）或是美国的阿拉莫龙，这是世界上最后一批大型蜥脚类恐龙。

19 在南方

南半球的恐龙生活相比北半球的要容易得多。在白垩纪时期出现了许多大型恐龙，例如阿根廷龙和印度巨体龙。巨体龙想要站起来可是一件很困难的事，研究表明这种恐龙的体重居然超过了180吨！

阿根廷龙 29米

马门溪龙 20米　　圆顶龙 18米

萨尔塔龙 12米

迷惑龙 23米

小孩子

363

恐怖的霸王龙

191 霸道的"君王"

霸王龙("暴君蜥蜴")生活在
白垩纪晚期，现今北美洲西
部地区。1908年，古生物
学家亨利·奥斯本发现了一
些霸王龙化石，他被其庞大的
体型和锋利的牙齿深深震撼了，
之后就命名这种恐龙为霸王龙。

霸王龙

192 多可怕啊

太可怕了！如果有一只身长约12米、体重约7
吨的庞然大物在白垩纪原始密林中来回嗅着寻找
食物，难道你不害怕吗？霸王龙的头部长度超过了1
米。它的牙齿脱落了会很快长出新牙。霸王龙大部分骨架都坚
硬无比，但因为部分骨头是中空的，所以体型庞大的它仍然十分
灵活。

人类牙齿与霸王龙牙齿比较

193 炙手可热的神秘生物

全世界目前只出土过30具霸王龙的化石，其中头骨化石不超过3个。霸王龙只在地球上安稳地生活了约300万年，之后就不幸赶上了恐龙大灭绝。然而它却成为了最炙手可热的史前动物，不论是电影还是动画片中，都常会见到它高大的身影。

霸王龙的头骨

194 霸王龙的牙齿

霸王龙的牙齿长达20厘米，是它用来撕碎猎物最好的工具。虽然这些牙齿并不十分尖锐，但它们留下的咬痕却是史上最深最恐怖的，霸王龙的咬合力能够切开一辆汽车！霸王龙的手臂之所以如此短小，可能是因为捕食的时候有牙齿就够了！

19 霸王龙吃什么

我们至今不清楚霸王龙在进食时是否会将牙齿深深插进猎物尸体中，但可以肯定的是霸王龙不完全属于腐食性动物，你想听听为什么吗？人们曾找到过一具被霸王龙咬过的三角龙化石，化石表明这只食草恐龙在死亡之前伤口就愈合了，因此可以确定霸王龙喜欢捕捉活的猎物。

霸王龙

196 霸王龙的奔跑速度

我们已经知道霸王龙的骨架中有一部分骨头是中空的，此外它的后肢上还有许多健硕的肌肉，以上种种都帮助霸王龙达到了70公里的奔跑时速。霸王龙跑得这么快，风险可是很大的，因为如果它以这个速度摔倒在地上，那重达6吨的身体将摔得粉碎。话说回来，奔跑速度对霸王龙并不太重要，因为它的猎物们（食草恐龙）永远不可能逃脱它的魔爪。

197 霸王龙或暴龙

亨利·奥斯本在科罗拉多发现了一具恐龙化石，他将这种恐龙命名为霸王龙。几年之后爱德华·科佩发现了几块这种恐龙的椎骨化石，但却将其命名为"暴龙"。在动物学的命名规定中，如果第一个名字先开始使用，而不久之后第二个名字才公布，那么只承认第一个名字为有效命名，除非第一个名字违背命名规定。因此霸王龙这个名字替代了"暴龙"一名，并被沿用至今。

食肉牛龙

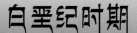

198 萨尔塔龙的"殖民地"

萨尔塔位于冰冻的阿根廷帕塔哥尼亚地区。请你想象一下，寒冷的风中有一大群动物瑟缩在一起，它们靠身体的温度相互取暖……你也许认为它们是企鹅或海豹，但其实它们是身长约12米、体重约25吨的萨尔塔龙。这种恐龙也会照顾幼崽直到它们长大。

萨尔塔龙

200 多刺的家伙

萨尔塔龙除了以它庞大的身体和从种群那里获得保护之外，还拥有其他防御措施。萨尔塔龙能像甩鞭子一样甩动它的尾巴，在脊背和身体两侧还长有骨质盾状物，而沿脖颈的椎骨上还长着尖锐的刺。

199 快看，食肉牛龙

食肉牛龙（"食肉的牛"）是一种中等体型的兽脚类恐龙，它头顶两只角漫步在历史长河中。通过研究保存下来的食肉牛龙皮肤化石，我们了解到它的皮肤上布满了小疙瘩，从身体一直蔓延到尾巴。

367

埃及棘龙

201 来自埃及的恐龙

我们接着说说多刺的恐龙吧。在埃及和摩洛哥发现的棘龙是长相最奇怪的恐龙：它们看上去像极了干瘦的长着鳄鱼脑袋的霸王龙，拥有细长的前脚趾和大大的爪子，背部还长有长棘构成的帆状物。

棘龙

202 喜欢吃鱼的食肉恐龙

棘龙是地球上体型最大的食肉恐龙（体长达17米，这就像4辆轿车排成一排），它一口就能把你整个人吞进去，但你也不用太害怕，棘龙牙齿的形状表明它其实最喜欢吃鱼。

203 鲨鱼般的牙齿

如果棘龙不喜欢吃鱼的话，它就要跟另一种巨大的兽脚类恐龙进行斗争了，那就是鲨齿龙。在距今1.13亿~9700万年前，鲨齿龙同样生活在现今非洲的北部地区。顾名思义，鲨齿龙名字的含义就是"长着噬人鲨牙齿的恐龙"。

204 它们无所畏惧

有种恐龙比美洲霸王龙更大更强壮，它们锋利的爪子上长有三根脚趾，牙齿还像匕首一样锋利，这就是鲨齿龙。鲨齿龙是占绝对优势的捕食者，它们甚至敢猎食当时世界上最大的动物——蜥脚类恐龙。

鲨齿龙

205 全都毁掉了

鲨齿龙的第一具化石是在1927年被查理斯·德佩雷发现的，但随后在第一次世界大战期间不幸被投向慕尼黑的炸弹炸毁了。德佩雷起初认为这是巨齿龙的化石，但一位名叫巴隆·恩斯特·斯特莫的古生物学家发现了他的错误，恩斯特就是埃及棘龙的发现者。

惧龙

206 脚上的爪子

有些兽脚类恐龙除了拥有锋利的尖牙，还有强健的爪子。例如惧龙（"可怕的食肉蜥蜴"）在捕食时就会使用它们的尖爪，目的不是为了捉捕猎物，而是为了更好地抓住地面，积蓄力量以便对猎物发出致命一击。

镰刀龙

207 谁的爪子

1998年在帕塔哥尼亚人们发现了一只巨大的爪子化石，其长度居然超过了30厘米。大家都认为这一定是驰龙的爪子。但是，2004年乔治·卡尔沃挖掘出了一具完整的大盗龙手臂化石，研究后得知先前出土的爪子化石应该属于大盗龙，而非驰龙。

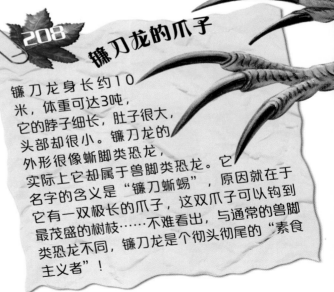

208 镰刀龙的爪子

镰刀龙身长约10米，体重可达3吨，它的脖子细长，肚子很大，头部却很小。镰刀龙的外形很像蜥脚类恐龙，实际上它却属于兽脚类恐龙。它名字的含义是"镰刀蜥蜴"，原因就在于它有一双极长的爪子，这双爪子可以钩到最茂盛的树枝……不难看出，与通常的兽脚类恐龙不同，镰刀龙是个彻头彻尾的"素食主义者"！

209 你们把蛋弄混了

窃蛋龙

1924年，著名的古生物学家罗伊·查普曼·安德鲁斯在蒙古发现了一组化石，化石中的恐龙正趴在一窝原角龙的蛋上，于是他就称其为窃蛋龙（"偷蛋的贼"）。但是查普曼却弄混了一点：他所发现的那具化石中的蛋并不是窃蛋龙偷来的，而是窃蛋龙自己的蛋。那只窃蛋龙正像母鸡一样在孵蛋呢！

210 长着小疙瘩的"失聪"恐龙

有一种阿根廷的恐龙名叫奥卡龙，它通体覆盖着小小的凸起，这些凸起可以保护它不受外界攻击的伤害。奥卡龙听力太差了，因此只能通过视觉和嗅觉辨认、捕捉自己的猎物。

371

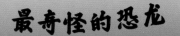

伤齿龙

212 伤齿龙，最聪明的恐龙

研究恐龙的智商是很困难的事情，但可以肯定的是，那些身体小但脑袋大的恐龙一定很聪明，伤齿龙（"破碎的牙齿"）就是很好的例子。它身长约2米，体重只有50公斤，但记忆力超群，能够从犯过的错误中吸取经验。

212 忽远忽近

伤齿龙的大脑十分发达，因此它甚至拥有了三维视觉，也就是说它的立体视觉良好。与它相比，大部分的恐龙都更加迟钝，如果目标物体个头很小或者相距很远，它们就不会发现。

212 它们是如何入睡的

多亏了伤齿龙的化石，我们才能通过研究得知恐龙都是像鸟儿一样睡觉的。它们会将头部埋在前肢下（参见第362页）。这个动作可以让它们在寒冷的夜晚仍旧保持头部温热。

214 它们又大又笨拙

重爪龙（"坚实的利爪"）是一种十分奇怪的食肉恐龙，它们盆骨的形状十分适于直立行走，但是由于它们的前肢又长又壮，大部分时间它们还是四肢并用行走的。除此之外，它们的前肢还长有尖锐的爪子，它们注定将成为骇人的捕食者。

重爪龙

重爪龙

215 它是鳄鱼吗

更罕见的是，重爪龙的长脖子不能弯曲。重爪龙的头颅十分奇怪，嘴巴像鳄鱼的一样大，嘴里竟有96颗牙齿，这相当于其他兽脚类恐龙牙齿数量的2倍。

始盗龙

216 捕食时间到

盗龙被认为是最原始的恐龙之一。在白垩纪时期，地球上仍然生活着许许多多的盗龙，它们几乎无处不在，并不断地繁殖，最终将它们的利爪伸向了世界各地。

373

恣意妄为的迅猛龙

217 最小的恐龙

我们就从最迷你的小盗龙说起。顾氏小盗龙体长只有60厘米左右，它们是整个盗龙家族中的小家伙，也是所有恐龙中体型最小的恐龙之一。顾氏小盗龙住在树上，它们很可能利用体表的羽毛在森林中滑翔，这样它们就能从上方攻击猎物了。别看顾氏小盗龙个头小，它们个个都爱寻衅滋事！

迅猛龙

218 迅猛龙：要说爪子，我们称王

迅猛龙体重约为20公斤，它们长长的尾巴占据了身体一半的长度。迅猛龙长着锋利的爪子，它们就是用这些爪子撕碎猎物的。

219 激烈的战争

人们发现的第一具迅猛龙化石十分不完整，只有头骨和一只爪子。但是随后在1971年有一支考察队挖掘出了一组十分精美的化石，他们几乎不敢相信自己的眼睛：化石呈现的场景是一只迅猛龙正与一只原角龙发生激战。可惜的是两者都在激战的时候死去了。

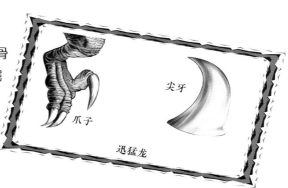

尖牙

爪子

迅猛龙

恐爪龙

220 捕食机器

虽然恐爪龙（"恐怖的爪子"）看上去与迅猛龙十分相似，它的大小却是迅猛龙的2倍。对恐爪龙的研究表明它生前进行过大量的捕食活动，这也引发了人们对恐龙是否是恒温动物的猜测。

双型齿翼龙

221 长羽毛的蜥蜴

从名字我们就能看出来，蜥鸟盗龙（"蜥蜴鸟类盗贼"）是一种十分奇特的爬行动物。它的身体很可能被羽毛覆盖着，爪子甚至比迅猛龙的还要长。蜥鸟盗龙的大部分化石都是在加拿大的阿尔伯塔发现的，在距今约 1.2 亿年前这种小型捕食者大多居住在这里。

嗜鸟龙

斑比盗龙

222 斑比盗龙

1995年在美国堪萨斯和新奥尔良发现的恐龙化石体型很小，于是科学家就用迪士尼电影中的小鹿斑比为它命名。虽然这种恐龙十分瘦小，化石却保存得十分完好，因此我们能通过研究得知斑比盗龙可以灵活运用自己的前爪，像一些哺乳动物一样，它们可以用前肢把食物放到嘴里。

223 阿基里斯龙和它的爪子

"BATOR"是一个蒙古语词汇，意思是"英雄"。而在古希腊最著名的英雄就是阿基里斯（ACHILLES）了。如果我们把"BATOR"一词与"ACHILLES"一词组合，按罗马文的拼写习惯稍作调整，便得到了阿基里斯龙（ACHILLOBATOR）的罗马文名字。这种恐龙长有像阿基里斯一样健硕的跟腱，因此它们可以灵活运用后肢上的大爪子。

224 恐龙大灭绝

现在我们已经看不到长达20米的爬行动物了。恐龙在距今约6500万年前灭绝了，但所有恐龙不是突然之间灭绝的，而是一点一点慢慢地消失不见的。许多科学家至今仍然不确定大灭绝是怎么发生的。

惊人的巨浪

可怕的火灾

酸雨带来的无尽黑暗

陨石和火山

225 陨石引发的灭亡

1980年，沃尔特·阿尔瓦雷茨称距今约6500万年前有一颗巨大的陨石落在了地球上的某处，撞击激起了巨大的尘雾从而引发了长期的温室效应，地球上的气候因此而改变了。恐龙无法适应这种变化而死去，但哺乳动物和鸟类却幸运地存活了下来。这便是多年以来最主流的白垩纪—第三纪大灭绝撞击理论。

226 陨石的碎片

我们不确定当初是不是一颗陨石改变了地球的气候，也不能肯定是否是陨石结束了恐龙的时代。目前发现有3个陨石坑可能与当时的大灭绝事件有关：第一个陨石坑在墨西哥海湾，第二个在加拿大被发现，而第三个面积很大的陨石坑位于印度。你是怎么想的呢？

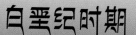

227

火山爆发引发的灭绝

第二种较为主流的理论称地球上的气候是一点一点改变的：地球上火山开始大规模爆发，因此在白垩纪末期，地球表面覆盖上了一层厚厚的火山灰，而火山喷发的大量粉尘也遮掩了天空，阳光从此无法照耀大地。

228 恐龙都灭绝了

其实不是所有恐龙都灭绝了。今天还存留着许多恐龙的后代，它们当初适应了这恐怖的气候变化，幸存了下来。它们体型很小，因此只需要很少的食物就能生存。实际上，世界上还存在着数以百万计的"恐龙"，也许你家里都可能有一只，因为恐龙的后代是——鸟类！

222 ## 搞混的胯部

之前我们说过蜥臀目类恐龙的胯部与蜥蜴的胯部类
似，而鸟臀目类恐龙的胯部与鸟类的相似。但是
这种相似只是一个偶然，因为鸟类是从蜥臀目
类恐龙进化而来的，惊讶吧？

始祖鸟

230 ## "恐龙鸟"

最原始的鸟类是由长着羽毛的恐龙进化而来
的。一切始于距今约6500万年前的那次大灭
绝之前，那时出现了长着毛发的恐龙（比如中
华鸟龙）和身披羽毛的恐龙（比如盗龙），这
些毛发和羽毛都有利于维持身体的温度。在侏罗纪
末期出现了一种爬行鸟类——始祖鸟（"古代羽毛"），
它被认为是最古老的鸟类。

231 始祖鸟是什么样的

现今人们只找到了10具始祖鸟的化石。1861年发现的化石中只有一根羽毛，因此要得出有关这种神奇生物的结论是十分困难的。它会飞吗？还是只会滑翔呢？我们了解到这种鸟类的祖先体长约35厘米（就像乌鸦一样），长有爪子和牙齿（就像爬行动物一样），身后拖着干瘦的尾巴，身上还有羽毛、翅膀和趾爪（就像鸡一样）。

始祖鸟

232 祖先

已知的始祖鸟祖先是美颌龙，就是那种喜欢捕食巴伐利亚蜥的恐龙。

南方巨兽龙

233 非鸟恐龙

人们提及爬行类恐龙时会称它们为"非鸟恐龙"。事实上，鸟类都属于兽脚类动物（即使今天的鸟类不全属于食肉动物），跟迅猛龙是同一类。

鸟还是爬行动物

234 鸟类和驰龙类恐龙

许多鸟类像驰龙类恐龙一样拥有修长的双臂和趾爪，它们腕关节的骨头呈半月形，两侧锁骨在叉骨处汇合，尾巴大部分十分坚硬，耻骨还是向下的。几乎所有的鸟类和驰龙类恐龙都拥有尖尖的爪子和羽毛。

235 会飞的恐龙

恐龙可能比鸟类更擅长飞翔吗？答案是肯定的。神秘的羽龙在空中飞翔时，比始祖鸟更加灵活，因为羽龙双臂和腿部都拥有适于飞行的宽大羽毛。恐爪龙等恐龙可能就是羽龙在陆地上进化出的后代。

236 这些爪子和牙齿属于鸟类吗

最惊人的是有一组研究人员认为所有的驰龙类恐龙（比如迅猛龙、恐爪龙、羽龙）都比始祖鸟更加先进。这也许意味着它们都是鸟类恐龙，也就是说它们都是鸟！虽然它们之中的大部分都像鸵鸟一样不会飞。

窃蛋龙

尾羽龙（"尾巴有羽毛的恐龙"）

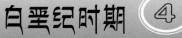

237 阿瓦拉慈龙

阿瓦拉慈龙类恐龙是一个神秘的恐龙家族，它们体长全部不足2米，都长有细长的爪子，与鸟类和似鸟龙类关系十分密切。阿瓦拉慈龙的化石在阿根廷、蒙古和罗马尼亚都有发现。多亏了现代的电子显微镜，我们才能知道有些阿瓦拉慈龙是长着羽毛的。

北票龙

中华鸟龙

始祖鸟

238 单爪龙

单爪龙（"只有一只爪子的恐龙"）是一种阿瓦拉慈龙，它的身体呈现出恐龙和鸟类的融合特征。它短小前肢上的羽毛比臂上的要更短一些。而它之所以叫单爪龙，是因为它的一个爪子上只长有一根脚趾！

239 我为什么只长一只爪子呢

鸟面龙前臂末端只有一个爪子，它们甚至连脚趾都没有！它们会用这只爪子跟迅猛龙搏斗还是捕捉小型猎物呢？交配的时候它们会使用这只爪子吗？它们会用这只爪子扒开白蚁的窝吗？所有的一切都还是未解之谜。

始祖鸟

恐鹤

营穴鸟

240 胁空鸟龙

鸟类和恐龙之间的区分因胁空鸟龙（"从空中威胁的鸟"）的出现而更加模糊。这是一种生活在距今8000万~7000万年前的食肉恐龙，体表覆有羽毛。胁空鸟龙的体型与始祖鸟相当，并且爪子与迅猛龙的十分相似。

241 之后是谁主导了地球

恐龙大灭绝的1000万年以后，地球上出现了继承恐龙的主导者，而它们的身高会让你对它们主导者的地位丝毫不感到意外。这是一种身高2米的鸟类，它们不会飞，在欧洲它们被称为加斯顿鸟（由发现者加斯顿·普朗特命名），而在美国人们称它们为营穴鸟。这种巨型鸟的大家族被人们赋予了形象的名字——"恐鸟"。

营穴鸟

242 大灭绝

在恐龙灭绝后，哺乳动物很快占领了各个大洲，占有显赫位置的是袋鼠等有袋动物、伟鬣兽（史上最大的陆上哺乳动物）等肉齿类动物、啮齿类动物、鲸类动物及原始象、骆驼、马、牛、犀牛和貘。

霸王龙

双型齿翼龙

营穴鸟

不是恐龙，但它们一起生活

看上去像恐龙，却不是恐龙

243 恐龙的邻居们

在长达1.5亿年间，恐龙都悠闲地漫步在地球上。而我们人类至今只在地球上生活不过三四百万年，与我们一同存在的还有数不尽的各种生物：哺乳动物、鱼类、爬行动物、昆虫……不过话说回来，当时的恐龙也并不孤单。

244 在陆地上，在海里，也在空中

人们很容易把恐龙和与它相似的动物混为一谈。请记住：即使有些恐龙会游泳或会飞翔，它们大部分时间还是在陆地上度过的，而其他的爬行动物占领了当时的天空和海洋。

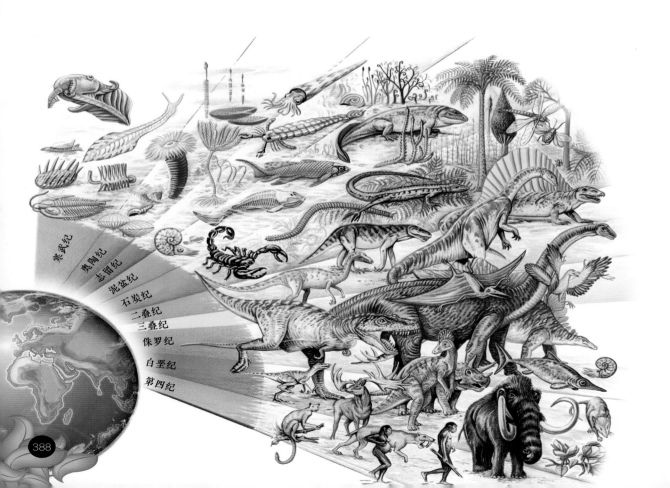

寒武纪
奥陶纪
志留纪
泥盆纪
石炭纪
二叠纪
三叠纪
侏罗纪
白垩纪
第四纪

245 翼龙（ "带翅膀的蜥蜴" ）

我们就从会飞的动物说起。翼龙（ "带翅膀的蜥蜴" ）一词定义了几
种中生代时期大小不一的爬行动物。它们与恐龙同生同灭，
是最早学会飞翔的脊椎动物，而在这之前只有昆虫
才会飞翔。

246 一根巨大的翼指

翼龙的前肢长有四根趾头，而那第四根
趾头是维持翼龙飞翔的重中之重。有些
翼龙的体形十分庞大，而且通体覆盖着光滑的皮肤。
翼龙没有羽毛，那它们是如何飞翔的呢？

风神翼龙
与人类的大小相比

13 m

风神翼龙

247 想做飞行员就要好好练习

翼龙的大脑比其他恐龙的都要发达，能
够很好地控制身体的所有动作。它
们十分灵巧，能在空中捕食、作战。

无齿翼龙

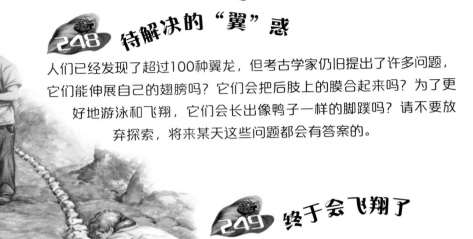

248 待解决的"翼"惑

人们已经发现了超过100种翼龙，但考古学家仍旧提出了许多问题，它们能伸展自己的翅膀吗？它们会把后肢上的膜合起来吗？为了更好地游泳和飞翔，它们会长出像鸭子一样的脚蹼吗？请不要放弃探索，将来某天这些问题都会有答案的。

249 终于会飞翔了

蓓天翼龙是会飞翔的翼龙家族的一员，距今 2.2 亿年前生活在阿尔卑斯山。蓓天翼龙的牙齿呈锥状，特别喜欢吃带翅膀的昆虫。它们体重只有 100 克（就像新生的小猫一样），翼展则达到了 60 厘米。它们的尾巴在飞行时就起到了方向盘的作用。

250 飞行员还是航海员

1784年，来自意大利的柯西莫·阿莱桑德罗·科利尼发现了第一具翼手龙的化石，他坚信这是某种海洋生物的骸骨，但在25年后一位叫做乔治·居维叶的法国人发现这其实是一种爬行动物，并为它命名。人们在欧洲和非洲都发现过翼手龙的化石，而翼龙也成为我们最了解的一种恐龙。

翼龙的化石

251 它们轻快又敏捷

翼手龙跟成年大猫差不多大，身体两侧长有长50~100厘米不等的翅膀。它们身体很轻，只有2千克，这都归功于它们中空的骨骼——想要飞起来身体就一定要轻。翼手龙的脑袋很小，鸟喙一样的嘴中长满了牙齿。平时它们会和群居的伙伴一起在湖中捕鱼吃。

翼手龙

喙嘴龙

252 掠地飞行

喙嘴龙（"嘴部有喙的恐龙"）的体型跟翼手龙一样，身后还拖着长长的尾巴。据说喙嘴龙一边飞翔一边掠过湖面捕鱼，然后，就像白鹈鹕捕食时一样，把鱼都存在大口袋一样的嘴巴里。

它们的牙齿成双成对

双型齿翼龙（"有两种类型牙齿的恐龙"）是一种生活在距今1.5亿年前的翼龙。这种翼龙的翅膀长约1.2米，又粗又大的嘴巴形似大嘴鸟的吻部，它的牙齿则有两种不同的形状。爬行动物的牙齿通常全都一样，而双型齿翼龙属于其中一个特例。

双型齿翼龙

现代大嘴鸟

好多的牙齿啊

翼龙中最奇特的要属梳颌翼龙（"有梳子颌部的恐龙"）了。这种侏罗纪时期会飞的爬行动物有这么奇怪的名字是因为它有超过250颗尖细的牙齿。梳颌翼龙会用这些牙齿过滤食物，其原理类似鲸鱼嘴中的鲸须。

通过嘴巴辨认性别

有种翼龙的嘴巴与众不同，能刷新我们对翼龙的认识，那就是真双齿翼龙。这种翼龙雄性和雌性的嘴巴形状是完全不同的。

真双齿翼龙

256 无齿翼龙

无齿翼龙（"有翅膀，没有牙的恐龙"）是一种典型的会飞的爬行动物。这种翼龙生活在距今约8500万年前，与喙嘴龙一样，它也捕食鱼类，并且把鱼存放在大口袋一样的嘴巴里。与现代鸟类相同，无齿翼龙一颗牙齿都没有，这使它们在翼龙家族中显得与众不同。无齿翼龙的翅膀十分宽大，翼展能达到9米。

无齿翼龙

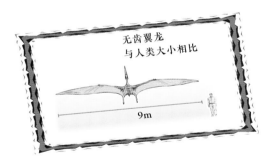

无齿翼龙
与人类大小相比

9m

257 起平衡作用的头冠

无齿翼龙的尾巴十分短小，因此它们在飞翔的时候无法用尾巴协助改变方向。但它们头部长有长长的头冠，头冠的作用便是平衡无齿翼龙大嘴巴的重量或在飞行时作为"方向舵"。

258 像信天翁一样飞行

无齿翼龙的爪子很大，但却十分虚弱无力，这使它们根本无法过多地行走。如果要去较远的地方，它们就必须依靠自己的翅膀了。只需轻微晃动翅膀，在接下来的时间内宽大的翅膀就会带着它们滑翔，随风而行，自由自在。

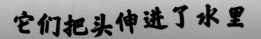

259 巨大的风神翼龙

白垩纪时期的风神翼龙（为了纪念阿兹特克文明里的披羽蛇神奎兹特克而取此名）是体型最大的翼龙，也是所有会飞的动物中体型最庞大的。它们巨大的双翼展开后长达12米，有些甚至还要更长，可能比有些飞机都要大呢！

风神翼龙

260 这不可能

科学家们带着疑问研究了风神翼龙的骸骨化石。理论上，如果某只动物的翅膀太过庞大，沉重的翅膀就无法承担飞翔的重任。已往人们已知风神翼龙的最大翼展是12米，但最近人们发现了新的化石，这具化石中的翼展居然几乎达到了18米。如果这只巨大的风神翼龙能飞起来，那说明我们确实还有更多的疑惑需要研究清楚。

风神翼龙

四脚行走

除此之外，与其他翼龙需要借助高地起飞的方式不同，风神翼龙还能靠自己的力量起飞。它们甚至能够四肢并用地行走，当然这时候的翅膀只是起辅助作用。

鱼龙

它们介于鲨鱼和爬行动物之间

鱼龙（"鱼蜥蜴"）是一种形似海豚的大型海洋爬行动物，体长约3米，体重130~950公斤不等。它们行走的时速能够达到40公里。鱼龙喜欢吃枪乌贼、鱼和海贝。侏罗纪时期，在蛇颈龙出现之前，鱼龙一直都是海洋的霸主。

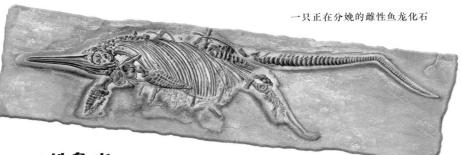
一只正在分娩的雌性鱼龙化石

 一只雌性鱼龙……它居然怀孕了

与大部分爬行动物不同，鱼龙是不会下蛋的，它们会像哺乳动物一样分娩幼崽。所有会呼吸的海洋生物在怀孕后都有两个选择——爬上陆地下蛋（就像海龟那样）或者在靠近海洋表面的水中分娩，以便幼崽一出生就能够呼吸到空气。鱼龙和鱼的身体构造很像，因此它们不能惬意地在沙滩上产崽。

危险的海洋

幻龙

264 在西藏潜泳

人们曾在西藏发现过一种体形巨大的鱼龙化石，长10~15米，后来将它命名为喜马拉雅鱼龙。这种生物是如何到达海拔如此之高的地方的呢？其实它们未经攀爬就到达了喜马拉雅山之巅：因为在侏罗纪时期，喜马拉雅山地区都还是汪洋大海呢，名为古喜马拉雅海。

265 捕虾能手

在整个三叠纪时期都生活着一种形似鳄鱼的体长约3米的动物，它长着钉状尖牙，脚上有蹼，尾巴上还有鳍，这种动物便是幻龙。它在海洋和陆地上都能自由活动，擅长利用长长的颌部捕食鱼虾和其他海洋动物。

266 生物进化

生物学家们欣喜地发现，虽然许多动物属于不同纲目，但却有类似的突变。鱼龙的背鳍、尾鳍乃至整个身形都跟鱼类十分相似，这就是生物进化的结果。

鱼龙

蛇颈龙

267 蛇颈龙

蛇颈龙（"像蜥蜴的恐龙"）是由幻龙进化而来的大型食肉类海洋爬行动物。是侏罗纪时期体形最大的海洋生物。它们的脖颈极长，强有力的颌部能够吞下贝壳，前肢形似船桨，可在海洋中畅游，是深海世界中独一无二的。

蛇颈龙

268 尼斯湖水怪

虽然几乎所有的资料都指出蛇颈龙已经在6500万年前跟随恐龙一同灭亡了，但坊间仍时不时地出现一些传闻或流言，声称这种动物还活在世上，但没有任何人能给出充足的科学证明。我们大家最熟悉的蛇颈龙"再世"就是尼斯湖水怪了。

269 在水下自由"飞翔"

有些蛇颈龙的脖子十分短小，这样的构造能让它们游起来速度更快，但这些蛇颈龙在水中活动时的灵活性要比拥有长脖子的蛇颈龙低了一大截。

危险的海洋

上龙和浅隐龙

人们把长着短脖子的蛇颈龙称为上龙科动物。此科的动物全都长有一张血盆大口（长度甚至达到了3米），且身体能够超过12米，体重能达到10吨，诸如长头龙、近滑齿龙和克柔龙都属于这个范畴。但是同属此科的浅隐龙却拥有令人羡慕的长脖子和小小的头部。

蛇颈龙

蛇颈龙中的极致

蛇颈龙的另一个类群是薄板龙科，它们可是把长脖子的特征发挥到了极致。薄板龙科动物拥有72节椎骨，是动物王国中椎骨最多的纪录保持者。它们身长17米，而其中一半是那长得惊人的脖子。

沧龙

薄板龙

恐怖的沧龙

有种动物就像鲨鱼和强健的鳄鱼的混合体，它们会捕食蛇颈龙，这种梦魇般的生物就是沧龙。沧龙的咽部活动度很小，因此它们无法一口就把猎物吞下，只能先用锋利的牙齿将猎物撕碎、咬断成合适的大小再享用。

薄板龙

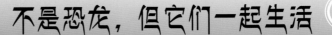

超长的脖子

273

有种爬行动物的脖子太长了，长得都破坏了整个身体的正常比例，它就是长颈龙（"脖子像长长的绳索的恐龙"）。虽然它的脖子长度只有6米，却比身体和尾巴加起来都要长。它的体长是如此惊人，体内的椎骨却只有区区10块，因此它的脖子并不柔软。

长颈龙

原始乌龟

274

人们已知的最原始的乌龟是原颚龟，它们生活于距今2.1亿年前的三叠纪末期，化石出现于德国和泰国。原颚龟体长60厘米，龟甲是由骨板组成的，上面还有方形小齿。它们的脖子和尾巴上都长有起自我保护作用的刺，因此它们无法把头和尾巴缩进龟壳里，它们的四肢同样无法缩进龟甲。

无盾齿龙

我们准备好浮出水面了

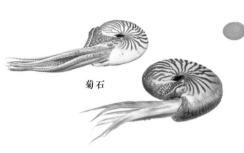

菊石

275 水下的世界

盾龟龙（"平板乌龟"）属于另一种动物族群——楯齿龙目。它们生活在幽深的海底，长有像鸟喙的吻部和长尾巴。四肢呈鳍状，有脚蹼，平板一样的牙齿能够很好地将贝壳或其他甲壳类动物的壳啄开。

276 体重惊人的楯齿龙目动物

有几种楯齿龙目动物的名字很像乌龟，但其实它们并非乌龟，也跟乌龟长得一点也不像。应该说这种动物极像海象和爬行动物的混合体，因为它们又大又重。有些楯齿龙目动物背部长有起保护作用的盔甲，这些盔甲体积极大，因此它们既无法浮出水面，也不能在深邃的海底活动，它们很有可能就顺势生活在了浅水区域。

水母

277 楯齿龙的"核桃钳子"

楯齿龙

有一种楯齿龙目动物名为楯齿龙，它是三叠纪时期的海底居民，活动范围是阿尔卑斯山地区。楯齿龙嘴巴里好像有一把核桃钳子，它能够把甲壳类动物从海底拖出来，然后榨干它们身体里的汁液。

无盾齿龙

278 长角的"蟾蜍"

在距今 3.6 亿年前的石炭纪时期和三叠纪时期，出现了一种两栖类动物——离片椎目动物（"长有锋利椎骨的动物"）。距今 2.35 亿年前生活着最后一种离片椎目动物，它就是虾蟆螈——这是一种蛤蟆和鳄鱼的混合体，长达 2 米，喜欢捕食鱼类和小型爬行动物，多生活在欧洲和北非的沼泽和湖泊。虾蟆螈只要一闭上嘴巴，它的尖牙就会从上颌伸出来，直直地伸向头外。

虾蟆螈

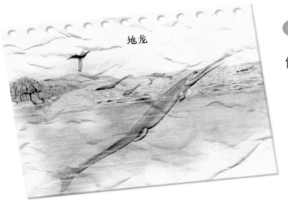

地龙

279 像鳄鱼的主龙

你还记得主龙吗？（参见第37页）。主龙类动物中最后一种在地球上亮相的是劳氏鳄，它属于主龙家族，体长达到了7米。而劳氏鳄的后代就是非洲最著名最大的鳄鱼——尼罗鳄。

和鳄鱼差不多

280 坚蜥的嘴巴

事实上，几乎所有的主龙都拥有像鳄鱼一样的外表。坚蜥（"老鹰蜥蜴"）是长有骨板的坚硬的爬行动物，它们属于食草类主龙。这种主龙的嘴巴真的很奇怪，看上去就像扁平的猪嘴。

281 坚蜥在哪里

人们在德国、苏格兰、格陵兰岛、阿根廷、马达加斯加和美国都发现了坚蜥的骸骨化石。它们几乎无处不在！事实上，它们的化石十分常见，人们常把它们的化石当做"指准化石"使用。你还不明白这"指准化石"的含义吧？在后面的内容中你就能一探究竟了。

282 它们适应了环境

坚蜥目中有一种体形极小的动物，较典型的就是坚蜥，此外坚蜥目中还有体型庞大的动物，其中典型的名为正体龙。体形庞大的坚蜥目动物中有一种叫北美有角鳄，它们身长5米，背部侧边有两排尖刺，为了更好地防御敌人攻击，它们的肩背部还长出了尖角，肩部的尖角尤其长（有45厘米）。

狂齿鳄

283 有关巨齿龙的错误

巨齿龙

从1870年起，对于巨齿龙的认知就一直存在差错：起初人们错把巨齿龙当做了一种名为箭齿龙的爬行动物，之后又把它的头骨当成了那时最大型的食肉动物——埃弗拉士龙的一部分。最终，在1985年和1986年，有两位研究员证明了它是劳氏鳄的一种，并为其命名为巨齿龙，含义是"奇怪的蜥蜴"。

284 体型最大的鳄鱼

现在，如果你发现了一只巨大的鳄鱼，那它应该就是恐鳄（"恐怖的鳄鱼"）了。你还记得三角龙有多大吗？它们身长9米，而这种主龙类动物的身形居然比三角龙还要大！恐鳄体长能达到15米，毫无疑问，它们能胜任任意一部怪物电影的主演角色。

风神翼龙

恐鳄

多奇怪的鼻子啊

就像之前说过的那样，主龙的外表都很具有迷惑性。1828年人们发现了一种新的主龙品种，它们前额上长有洞穴般的鼻子。人们将其命名为植龙，含义是"植物蜥蜴"，但这些"植物蜥蜴"却属于食肉动物。

乔治亚·欧姬芙

人类的双手

人们仅仅通过脚印化石就认识了手兽，这种生物与恐龙共同生存在距今1.95亿~2.25亿年的那段时间，化石发现于英国和德国，它们用四肢行走，四肢上都长有5指。它们的拇指与人类的很像，可以用来辅助抓握。

哈利波特中的龙

小说《哈利波特》中出现过许多神奇的龙，而你知不知道其中某个角色的名字灵感也来源于龙呢？奥氏灵鳄是一种很像似鸡龙的主龙，身长2米。人们在墨西哥的幽灵矿场采集到了奥氏灵鳄的化石，而它的名字便是为了纪念在那里生活了多年的著名画家乔治亚·欧姬芙。

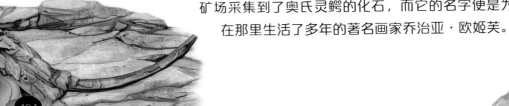

404

亟待解决的疑惑

288

1947年，著名的化石收集者埃德温·科尔波特在幽灵矿场发现了一些与众不同的石块。但科尔波特认为这个地区已经开采太久了，大概不会有什么新奇之处了，所以大部分的石块他都没有打开看，而是将石块原封不动地送去了美国自然历史博物馆。你知道石块中藏着什么吗？

似鸡龙

永恒的等待

289

奥氏灵鳄已经埋在地下2亿年之久了，然而它们还需要再等待60年。直到2006年才有一位名叫斯特林·内斯比的学生打开了之前科尔波特发现的石块。他本想寻找腔骨龙的化石，却没想到在石块中发现了奥氏灵鳄化石。

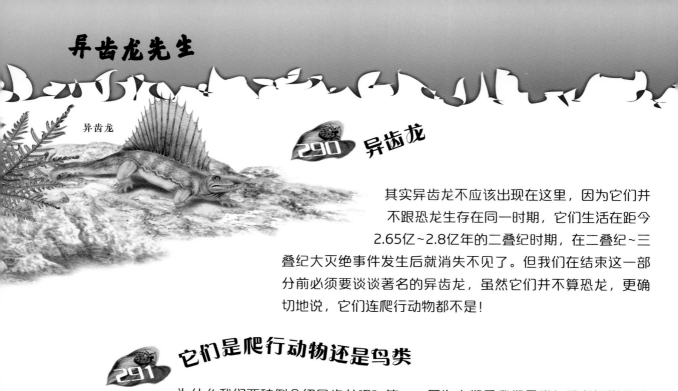

异齿龙

290 异齿龙

其实异齿龙不应该出现在这里，因为它们并不跟恐龙生存在同一时期，它们生活在距今2.65亿~2.8亿年的二叠纪时期，在二叠纪~三叠纪大灭绝事件发生后就消失不见了。但我们在结束这一部分前必须要谈谈著名的异齿龙，虽然它们并不算恐龙，更确切地说，它们连爬行动物都不是！

291 它们是爬行动物还是鸟类

为什么我们要破例介绍异齿龙呢？第一，因为它们是我们最常与恐龙混淆的动物之一。第二，它们甚至都不是真正的爬行动物——它们属于单孔亚纲，也就是说它们是似哺乳爬行动物。它们不像蜥蜴或鸟类，反而更像哺乳动物。异齿龙的意思是"有两种类型牙齿的恐龙"，与爬行动物不同，它们拥有切割用的牙齿与锋利的犬齿。

异齿龙

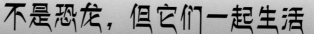

二叠纪时期的风帆

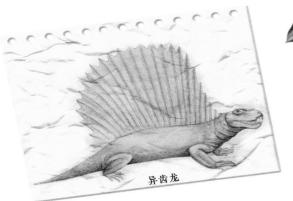

异齿龙外貌最突出的特点便是它背上有背刺支撑的高大的背帆。古生物学家认为，这种体长3米的动物很可能是冷血动物，而背帆则起到了控制体温的作用：宽大的背帆能够更高效地吸收太阳能。这样即使天色变晚，气温变低，它们仍能继续进行捕食活动。

异齿龙

为异齿龙而疯狂

也许是异齿龙的背帆，也许是它们身上的其他特质，让我们觉得它们和人类之间的确存在某种亲缘关系，因此我们都很喜欢异齿龙。它们出现在了电影《地心游记》《恐龙战队》《太空恐龙》还有电子游戏《恐龙猎人》中……虽然异齿龙并不是恐龙，但出于对它们的喜爱，我们还是为它们破例，把它们放进了科幻的恐龙世界中。我们将在后面为大家讲述更多关于科幻世界中恐龙的故事。

294 恐龙邮票

1986 年，柬埔寨的邮票展上展出了印有 7 种史前生物的邮票。这是独具特色的一次展览，因为邮票上的动物绝对罕见——它们既不是猛犸象，也不是三角龙，更不是霸王龙。邮票上印的是基龙（生活在距今 2.8 亿年前的一种合弓纲动物）、蜥脚龙、虾蟆螈、喙嘴龙、腕龙、巨犀（史上体型最大的陆生哺乳动物）和特暴龙（一种发现于中国和蒙古的暴龙）。

295 恐龙钱币

蜥脚龙的图案同样出现在了韩国于1993年限量发售的50基普（柬埔寨货币单位）的银币上。尽管这枚50基普银币的面额连1角人民币都不到，却价值200多元人民币。

296 更多的钱币

在1994~1995年人们又制造出了类似的钱币。有的钱币上印制的是薄板龙和海王龙激战的场面，有的则是威猛的巨齿龙的图案。在蒙古，人们把一只迅猛龙和一只原角龙的图案分别印在了两枚500图格里克（面额差不多是2元人民币，但收藏爱好者们以每枚将近300元人民币的价格买下了它们）的钱币上。

重褶齿猬　　长鼻跳鼠

阿尔法负鼠

 那时哺乳动物仍旧存在吗

没错，最原始的哺乳动物之一就是大带齿兽。它生活在侏罗纪时期的莱索托和非洲南部。大带齿兽看上去就像一只体长12厘米的老鼠，喜欢吃昆虫。我们就来看看这个谨慎又机敏的小家伙。

 对抗恐龙的人类

我们常常见到描绘穴居人与霸王龙或其他食肉类恐龙激战的图片，其实这些图片都不准确。恐龙在距今6500万年前就灭绝了，而原始人直到距今400万年前才出现在地球上。当人类发现火种的时候，恐龙早就是化石了。

古生物学家如何进行研究工作

化石

299 化石的起源

化石一词来自拉丁词语"Fossile"，意思是"挖掘"，化石就是指古代生物的遗体、遗物或遗迹埋藏在地下变成跟石头一样的东西。有时人们需要挖掘很久才能拼凑出一具完整的恐龙骨架。

300 化石是怎么产生的

当一只动物死亡以后，它的肉体分解殆尽，就只剩下了骨骼。之后时间飞逝，它的骨骼会被土层覆盖起来，而这些骨骼最终石化成了石头。

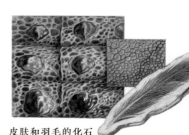

皮肤和羽毛的化石

当一只动物死亡或被其他动物吞食以后，就只剩下了骨头

许多年后它的骨架可能被土壤或水覆盖

301 那么，什么是化石呢

人们还把没有石化变成石头的动物遗骸或动物在地面留下的痕迹（如骨头、脚印等）称作化石。一般来说这些遗骸的年份都在164万年以上。

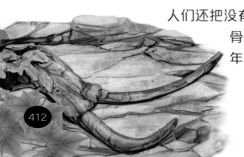

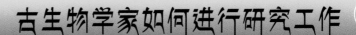

302 完美的化石

通常动物身体上只有最坚硬的部分——蜗牛的壳、恐龙的骨头……最后才能变成化石。但有一种土壤中不含有氧气，如果一株植物或一只动物被埋在了这种土壤底下，其柔软的部分也同样会变成化石。

贝壳化石

霸王龙爪子的化石

霸王龙足迹的化石

又经过了许多年，砂砾和沉积物渗进骨头中

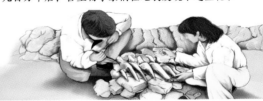

几百万年后，古生物学家们在地表发现了这些化石

303 大冰块

在西伯利亚，人们发现了一些"完美的化石"，这些化石虽然没有埋在土里，但它们都保留着完整无缺的柔软身体：它们是一群被冻住的猛犸象，由于冰冻温度极低，它们的肌肉和皮肤在死亡后的2万年仍然保持着原样。这简直太难以置信了！

413

304 寻找软体

这很困难，但并非毫无可能。2002年，在美国的蒙大拿州工作的玛丽·史怀哲教授，从石头中取出恐龙的股骨时不小心将石头打碎，令人难以置信的是在恐龙的股骨中居然保存着还未变成化石的细胞和静脉血管，这可是距今6800万年前的老古董啊！

305 你们都被记录下来了

这个星球上的所有化石，不管是否被人类发现，都称作"化石记录"。今天我们能够用各种各样的办法研究地球的历史，但在研究生物进化方面，化石仍起着不可替代的作用。

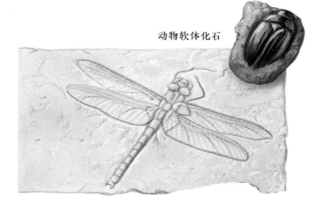

动物软体化石

三叶虫化石

306 化石的年龄

大约37亿年前地球上才出现生命，我们能找到的最古老的化石应该就属于那个时候。但这还有些令人难以信服，毕竟我们还没有研究出一个动物变成化石最少需要多少年的时间：也许是死亡几年以后，也许是几个世纪后……

 沥青坑

研究化石并不是认识古生物的唯一方式。另一种可供选择的方式便是沥青坑——沥青从地层中冒出来，形成了水坑甚至是湖泊，动物们如果掉进了这个坑中，就会永远深陷其中，而古生物学家们便很容易发现它们了。

1910年的拉布雷亚沥青坑

 最著名的沥青坑

世界上所有的沥青坑都在美洲，委内瑞拉、特立尼达和多巴哥各有一个，美国有两个——麦基特里克和拉布雷亚的沥青坑，而后者是最有名的。位于洛杉矶的那些黏稠黑色湖泊中保存着4万年前的动物遗体，而我们不可能在拉布雷亚沥青坑中发现恐龙的骸骨，这些沥青坑出现时恐龙早就灭亡了。

双型齿翼龙

金黄色的琥珀

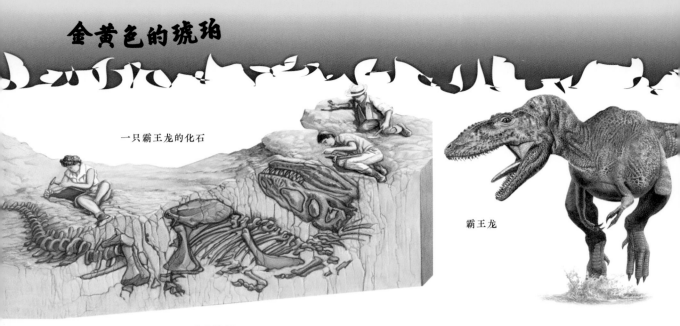

一只霸王龙的化石

霸王龙

309 我们能找到不止一只恐龙吗

当然了，我们可以在同一地点找到许多不同的动物化石，如克利夫兰劳埃德恐龙采石场中发现了一万多块恐龙的骨头化石，它们分别属于跃龙、剑龙、角鼻龙和其他恐龙。这座恐龙采石场中全是沙粒，就是这些沙粒在当时覆盖住了食草类恐龙和捕食它的食肉类恐龙。

内含昆虫的琥珀

310 琥珀

有些树，尤其是松树在被割伤时，会分泌一种起自我保护作用的树脂来抵御疾病或昆虫的伤害。树脂在树干上流动时常常会覆盖住树叶、气泡或小昆虫，比如蚂蚁、蜘蛛、蚊子，甚至是蝴蝶、青蛙和蝎子，而这些树脂冷却后变成十分坚硬的琥珀。琥珀会将所有覆盖住的东西脱水保存，有时一枚琥珀中甚至还会包括完好无损的DNA！

玛君颅龙

311 稀缺的琥珀

世界上只有20多处琥珀储存点，其中最重要的一处在墨西哥，已有2500万年的历史，但此处保存的一颗最古老的琥珀的历史超过了9000万年，这是一颗来自白垩纪的琥珀，当原始树木出现时它也随之产生了。

312 我们从哪里进行挖掘工作呢

想找到一处能挖掘出恐龙骸骨化石的地点是十分困难的。古生物学家们寻找了之前出现过恐龙化石的地方，虽然这些地方并不特殊，但这里的动物遗骸却都保存得十分完好。

剑龙

霸王龙

喷发中的火山

313 有用的地质学

通过利用一些地质学中的小知识，你能第一时间知道有哪些地方（如熔岩冷却后形成的石头中）不可能找到化石。经过这么多年的气候变化和极端气压变化，这些石头中本来存在的东西也变得支离破碎了。因此结论就是：不要在火山的遗址处寻找恐龙化石。

我们去找化石吧

314 我们应该挖多深呢

请你试想一下，你正置身于一片草地中，在这里有人曾发现过一颗恐龙的牙齿化石。那么你需要挖多深呢？10米？15米？还是30米？地球是球形的，时光飞逝，地表便被沙土和沉积物所覆盖了。如果你想知道自己所处位置地下多少米才是三叠纪时期的地层的话，地质学家能给你准确的答案，对他们而言，从地面往下挖掘就好像进行了一次回到过去的时光旅行。

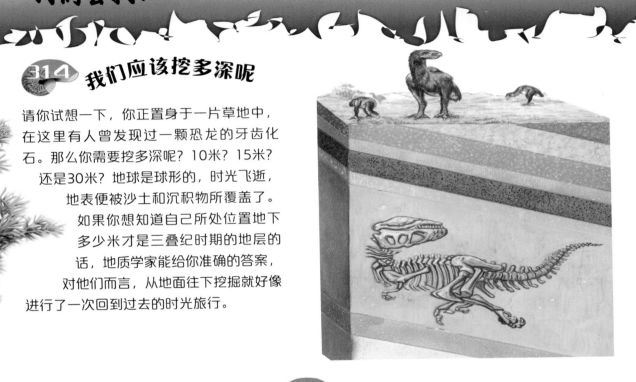

315 古生物学家们会用到什么工具呢

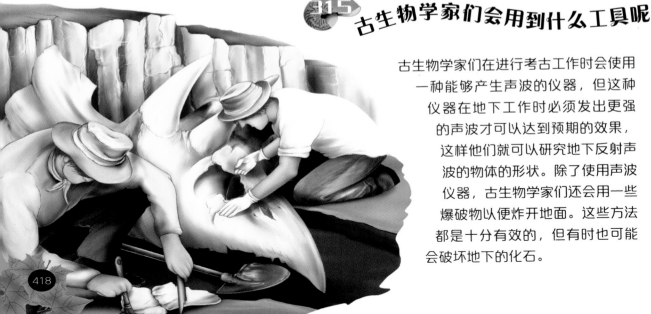

古生物学家们在进行考古工作时会使用一种能够产生声波的仪器，但这种仪器在地下工作时必须发出更强的声波才可以达到预期的效果，这样他们就可以研究地下反射声波的物体的形状。除了使用声波仪器，古生物学家们还会用一些爆破物以便炸开地面。这些方法都是十分有效的，但有时也可能会破坏地下的化石。

316 节省时间和金钱

古生物学家与煤矿和油井的拥有者都建立了合作关系，因为前者能为后者省下不少钱——古生物学家一看到化石就能知道它的年份，而矿主就能根据化石的年代有选择地进行钻探工作，这样他们就能节约许多时间，更快地找到所需的矿物。

317 工作服

要知道，挖掘化石是一项露天的工作，这要求工作者穿着合适的服装，如登山靴、护目镜、防护手套、透气防水的上衣和裤子。如果在山中工作的话，为了防尘你还需要一顶头盔或一张面罩，当然了别忘带上进行挖掘时需要的工具。

古生物学家们正用石膏封存出土的化石，这样能防止化石在运输途中被破坏

318 工具

古生物学家们的工具多种多样，我们应该了解每个工具的用途是什么。你需要携带一把钢制地质锤，这种锤子要比一般钢材更加坚硬。但开采石头时你绝不可以直接用地质锤进行敲打，而应该使用凿子。当然了，别忘带一把清洁石头用的小刷子。

319 取出石料

你找到恐龙化石了？这简直太棒了！如果地面允许的话，你可以尝试着将化石整个取出，然后就可以安心地在地面上清理化石了。但若恐龙化石太过庞大，你就无法将其整个取出了，这时你只能在发现化石的土坑里完成所有的后续工作了。

320 耐心

有一条所有化石挖掘者都应牢记在心的规定，那便是在挖掘时越少使用锤子越好。当你发现化石时，你会想到使用锤子和凿子尽快把它挖出来，但这样做你很可能会毁坏化石。最好的办法是小心行事，如果你当天没有携带合适的工具，可以第二天再挖。你要确保化石周围的多余石块都挪走后再进行清理工作。

321 其他的工具

在沙地、泥地和碎石堆中工作时，你可能会用锄头代替锤子，在这些地点你同样不能忘带你最信任的伙伴——刷子。

322 化石挖掘者的准则

若想成为一名化石挖掘者，你需要有责任心并且事先得到土地拥有者或有关部门的允许，因为不经允许乱挖是违法行为。还要谨记的是，一定要把挖出的洞填埋好再离开——你也不想别人掉进你挖的洞里吧。

323 完美的模型

亚力克·沃尔特（1925—1999）是一位英国古生物学家，他在1950年发明了一种能够在恶劣环境下取出化石的方法。人们在苏格兰发现过一些动物遗迹，其中大部分都仅仅是石头上的一些小痕迹而已。沃尔特在这些痕迹上浇注液体PVC（聚氯乙烯），冷却后脱模，整个过程就像人们浇注石膏采集脚印时一样。通过这种方法人们就能知道这根骨头完整时是什么形状的了。

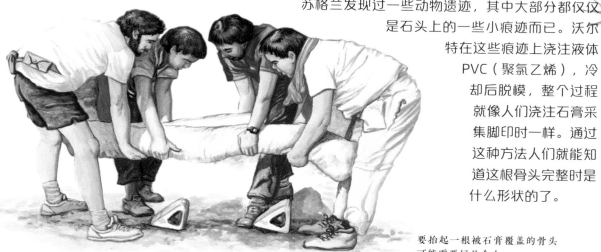

要抬起一根被石膏覆盖的骨头可能需要好几个人

324 重组

终于到了这个重要的时刻，你要重组你发现的化石碎片：在不损坏化石的情况下将一些骨化石同另一些拼起来，看看你找到的牙齿化石与位于几米之外的颌骨化石是否嵌合。

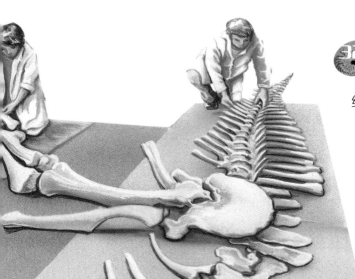

325 **喷火怪**

喷火怪是希腊神话故事中长着狮头、羊身和蛇尾的怪物。常有人把不同恐龙的身体部件拼凑在一起，古生物学家们就把这种化石称作"喷火怪"，它们的头部属于一只恐龙，而脖子又属于另外一只恐龙了……

326 **原鸟，也来得太早了**

在始祖鸟出现的6000万年前，是否可能存在其他鸟类呢？古生物学家们一直心存疑问，直到桑卡尔·查特吉在得克萨斯州发现了一具长35厘米的原鸟骨架。但是，有的古生物学家认为查特吉错误地把一起出现的小虚骨龙的头骨、角鼻龙的爪子和一种树栖类爬行动物的椎骨拼凑在了一起，是史上第一只"喷火怪"。

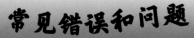

始祖鸟

327 **虚无的巨龙**

当1979年詹姆斯·詹森在科罗拉多的梅塞塔发现一具巨大的化石时，他坚信自己找到的是史上最大的恐龙，便给它命名为"巨龙"。但许多年过去，出土了更多的恐龙化石，结果人们发现当初詹姆斯找到的那只巨龙只不过是用超龙和腕龙的骨头拼凑出的"喷火怪"罢了。

腕龙

328 没有头部

有些时候即便恐龙的化石缺少两三节椎骨或脚印痕迹，我们也能得知有关那只恐龙的许多信息。例如人们至今仍未找到黑丘龙（属于非洲南部的"黑色山丘的蜥蜴"）的头骨，但多亏我们已经知道黑丘龙胯骨的形状，由此可以分析出黑丘龙是一种巨大的原蜥脚类恐龙。

329 完美的牙齿

通过恐龙的牙齿我们同样能够分析得知许多数据。比如侏罗纪时期的美颌龙的嘴巴下端十分狭长，嘴巴里面的牙齿又小又尖，适于食用昆虫，我们可以推断美颌龙喜欢吃昆虫。

牛角龙

美颌龙

脚印化石

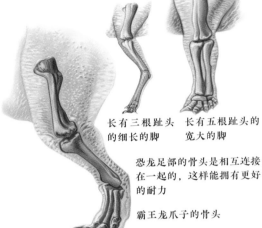

长有三根趾头的细长的脚　　长有五根趾头的宽大的脚

恐龙足部的骨头是相互连接在一起的，这样能拥有更好的耐力

霸王龙爪子的骨头

 **脚印**

动物印在地面上的足迹能够保存几亿年。这些脚印向我们诉说着它们去向何方，它们奔跑了多远，它们体形是否庞大，甚至能从中得知追逐着它们的捕食者是怎样的，而它们脚上的皮肤又是怎样的。这些脚印的化石被称作足迹化石。

331 虚骨龙类的遗迹

足迹化石的重要作用中最突出的例子便是似鹬龙（涉禽）的足迹化石，我们仅凭这些化石便认识了似鹬龙，它可能是盗龙的祖先。似鹬龙的每只爪子上长有三根趾头，而其中一根比其他两根要大许多。通过足迹认识的动物们被特别归为一类。

332 雷留图龙

有时候牙齿化石也会骗人。1989年人们在美国亚利桑那州发现了一些不同的牙齿化石——它们属于雷留图龙，一种生活在侏罗纪时期的鸟臀目恐龙。2004年人们又发现了一具骨架，但研究后得知这不是恐龙的骨架，而是主龙骸骨。这个问题就变得十分严肃了：北美洲发现的三叠纪时期的鸟臀目恐龙的骸骨只有牙齿化石，如果人们把雷留图龙搞错了的话，那之后的恐龙分类就都弄错了。那些牙齿化石到底属于恐龙还是属于主龙呢？

恐鳄

重龙的足迹

霸王龙的足迹

冠龙的足迹

通过足迹你便能认识它们

霸王龙留下的足迹可真是大得惊人。但冠龙的足迹却与之相反，是一个个有三根趾头印的小圆圈。庞大的重龙用粗壮的后肢留下巨大的脚印，而纤细的前肢留下的痕迹也要小得多。装甲类恐龙是同手同脚走路的，因此它们留下的足迹总是成对的：左手和左脚，右手和右脚。如今长颈鹿也是这样走路的，我们称它的蹄为溜花蹄。

巢

中生代时期的生存环境恶劣，一位动物母亲很可能在幼崽孵化之前就死去了，因此就有了许多巢的化石。这对于研究成年恐龙和幼体恐龙的差别是很有帮助的。

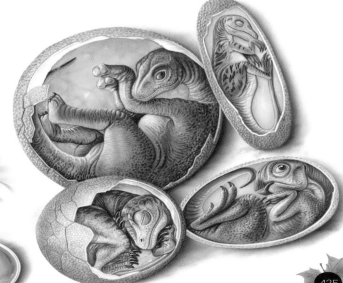

西班牙的恐龙

335 在西班牙的特鲁埃尔（1）

特鲁埃尔的恐龙公园是集娱乐和博物馆功能于一体的主题公园群，分别坐落在5个不同地区。这个主题公园群的主园在特鲁埃尔省的省会特鲁埃尔，在这个公园里面你可以与机器恐龙嬉戏，欣赏有趣的恐龙表演。如果你来到西班牙的因霍斯皮塔克省，你将有机会观赏到西班牙保存最完整的蜥脚类恐龙骨架。

棱齿龙

阿拉果龙

重爪龙

禽龙

336 在西班牙的特鲁埃尔（2）

在距离特鲁埃尔60公里处的加尔瓦，是阿拉果龙、加尔瓦龙和其他巨型恐龙的家乡，这里坐落着黑暗传说公园。在这个公园你将看到全欧洲最重要的恐龙足迹展。在鲁维耶洛斯德莫拉的安巴里那地区，你将了解到古生物学家是如何工作的。而卡斯特列翁的史前森林会为你展示距今1.25亿年前恐龙与其他哺乳动物是如何共同生存的。

跃龙

美颌龙

板龙

337 在西班牙的伊索纳（1）

西班牙莱里达省西北部的伊索纳地区有全加泰罗尼亚区最好的恐龙展馆。在白垩纪公园中你能看到比利牛斯山是如何隆起的，那时孔卡德利亚仍与大西洋紧紧相连，鸭嘴龙、雷龙和幻龙在扩展着它们的足迹。

圆顶龙

始祖鸟

白垩纪公园(加泰罗尼亚)

恐龙公园（特鲁埃尔）

嵌齿象

龙王鲸

恐象

爪兽

338 在西班牙的伊索纳（2）

在白垩纪公园中你能观赏到超过2000个足迹化石，这些都是动物们赶去盐湖时留下的痕迹。白垩纪公园里还保存着7000万年前的蛋，人们发现那些巢穴时里面的蛋都还保存完好，只不过已经变成了化石。

339 没有恐龙的公园

在巴塞罗那城堡公园中本应有12座巨大的史前动物等比例雕塑。但这个计划的提出者诺伯特·冯特仅仅完成第一座雕像后就去世了，因此这个项目就搁浅了。直到今天，城堡公园中那巨大的石雕猛犸象还孤零零地伫立在湖边，它的象牙上还挂着它的小宝宝们。

粪便化石

340 排泄物

动物化石中最奇怪的就是粪便化石（字面意思就是"石头粪便"）了，这些恐龙的排泄物来自生物体本身，也会石化。通过研究粪便化石我们可以知道恐龙的进食习惯：它们吃什么，如何咀嚼又如何将食物消化。

达斯布雷龙

341 最大的粪便化石

1990年古生物学家温蒂·斯洛波达在加拿大发现了一块长达63厘米的粪便化石，这可能是世界上最大的粪便化石了。人们推测这块化石是达斯布雷龙或惧龙的粪便，总之它的主人应该是一种凶猛的食肉恐龙，因为在这块粪便化石中发现了保存完好的其他恐龙的肌肉纤维，这一定是它生前吞下的食物。

342 垃圾堆中的化石

古生物学家们要时刻准备着发掘恐龙的遗迹。土巴龙化石是在莱索托西部一个村庄的垃圾堆附近被发现的。在这个部落的南索托语中，土巴龙的意思就是"垃圾堆蜥蜴"。

343 在鼻子上

古生物学是一门十分严谨且具有研究性的学问。学者们寻找动物化石，将已灭绝的动物化石重组并尝试着了解它们是什么，它们如何生活。问题是所有的化石都是几百万年前形成的，有时古生物学家们也会出差错，例如他们起初就错把禽龙爪子上那根趾头当成了恐龙鼻子上的角。

禽龙

344 认错是明智的

尽管古生物学家们把禽龙搞错过，他们还是坚持在自己的岗位上努力着。1943年塞缪尔·威尔斯在亚利桑那发现了一些恐龙的遗迹，他声称这是斑龙的化石。很多年以后，人们发现那其实是双脊龙的化石。于是1984年威尔斯又发表了新的研究成果，改正了自己之前的错误。亡羊补牢，为时未晚。只不过威尔斯改正这个错误用了40多年！

345 什么是指准化石

当你了解到足够多的关于化石的知识时，你便能够分辨出同一动物身上不同部位的化石，同样也能很容易地说出它来自哪个时期。当古生物学家们再一次发现这种动物的化石时，通过对比就能立刻知道它的资料了。这些生物的化石就被称作指准化石、导向化石或地区化石。

鱼龙

346 进化

尽管鱼龙并不是一种恐龙，它的化石对于人们研究生物进化历史还是很有帮助的。鱼龙化石的研究起源于1699年，人们在威尔士发现了它的化石碎片。9年后它的椎骨化石被发现，但被怀疑是大洪水的遗迹，直到1811年玛丽·安宁才在英国发现了第一具完整的鱼龙骨架化石。

347 更多的发现

在如此漫长的等待之后，鱼龙这种游弋在三叠纪海洋中的生物的化石终于在20世纪被发现。1905年，一只远征队在内华达州发现了25具鱼龙化石，其中包含一具长达17米的骨架化石。而之后在加拿大人们发现了一个大块头鱼龙化石，那具23米长的鱼龙骨架化石就像6辆汽车一样巨大。

348 谨慎地挑选地点

有些地区比其他地方更容易发现恐龙化石。比如在美国和中国就存有大量的化石。而在南极人们也发现了独特的恐龙化石。但大家最好不要在新西兰进行挖掘工作，直到现在，人们都没有在新西兰发现一个恐龙的化石！

斑龙

349 第一篇报道

发现恐龙化石是件大事，但如果古生物学家们不把这件事情告诉别人的话便不会有人知道。在了解最新发现方面，科学杂志可是起着不可忽视的作用。英国地质学家、牧师威廉·巴克兰是发表发现恐龙化石报道的第一人，他于1824年在伦敦地质学会协议中给发现的恐龙命名为斑龙。

玛丽·安宁

350 命中注定

玛丽·安宁是一位十分古怪的女士。相传，在玛丽只有一岁大的时候，有一道闪电劈向了她的村庄，那道闪电波及了玛丽在内的四个人，而只有玛丽幸存了下来。她似乎命中注定要成就一番事业。1810年，年幼的玛丽和她的哥哥约瑟夫痛失双亲成为了孤儿，从此开始在莱姆里杰斯的峭壁上捡化石为生。

351 潮流

在18世纪末，研究化石在英国成为了一股潮流。而之后人们了解到了它的重要性，化石研究渐渐地演变成一种科学。玛丽·安宁把化石卖给许多科学家，并跟他们结交成好友，而玛丽·安宁自己也开始对这些古老的化石产生了兴趣。

352 伟大的寻踪者

玛丽一生有许多伟大成就！1811年一场暴雨将莱姆里杰斯的峭壁冲垮，玛丽·安宁却在那里意外地发现了第一具鱼龙骨架化石。1821年她发现了历史上第一个蛇颈龙亚目化石，这也被写入史册。

第一具完整的蛇颈龙化石

353 更多的发现

玛丽·安宁的另一个重大成就是在德国发现了三叠纪时期的双吻前口蝠鲼和第一个完整的翼龙化石。1847年伦敦地质学会将玛丽·安宁聘为荣誉会员。

翼手龙

鱼龙

354 自然的遗产

随着时间的流逝，玛丽·安宁的各种发现也愈发突显出它们的重要性。此前人们都认为遥远地区的动物化石一定是未知的，但对于玛丽·安宁而言，不会有她找不到的动物化石。如果没被她发现，那只能说明这种动物从未在那里出现过。

剑龙

355 它是谁？

如果有人发现了一种新的化石并把它命名为原始龙（"古老的蜥蜴"），所有的古生物学家也许都要发笑了。因为在19世纪完全不同的8种生物都曾被命名为原始龙，从鳄鱼到植龙再到某种奇怪的爬行动物。

马的祖先

356 翼龙的发现者

你也许会对奥赛内尔·查利斯·马什的名字十分熟悉。他在古生物学历史上是十分重要的人物，是翼龙的发现者。此外他还发现了许多化石，他也是首个发现三角龙和剑龙化石的人。奇怪的是，他最大的工作成就并非研究中生代生物，而是研究马的进化。

现代马
四肢末端都只有一根趾头

三趾马
生活在距今600万年前，高120厘米

草原古马
进化出了带有高牙冠的牙齿，从而能够进食灌木的叶子

渐新马
每只前蹄只有3根趾头，体型跟羚羊差不多

始祖马
小型食草类哺乳动物，体型跟狐狸类似，每只前蹄长有4根趾头，每只后蹄有3根趾头

先进的理论

奥赛内尔·查理斯·马什（1832—1899）是早期坚信达尔文进化论的美国科学家中的一员，他工作的大部分内容也是为了证明进化论是正确的。他还是提出鸟类是由恐龙进化而来的第一个美国人，他在1877年提出了这个理论，但在20世纪60年代末就被人遗忘了。

 **第一位教授**

马什是美国的第一位古生物学教授。他在柏林大学学习了专业知识，也在那里结识了爱德华·德克林·科普。

359 **沙发上的古生物学家**

奥赛内尔·查理斯·马什被人们称作"沙发上的古生物学家"，因为他从来不到矿层中去。在研究所中实在有太多分析工作等待他完成了，因此他并没有时间到处考察。他只于1870~1873年的四年间在野外工作过。

三角龙

360 许多的发现

有的人只因一个发现就变得有名，也有人是凭着不懈的努力才成名，爱德华·科普（1840—1897）就属于后一种。科普的专业是研究两栖类动物和哺乳动物。他一生中发现了1000多种新物种，其中包括56种恐龙和已知的最古老的哺乳动物。

帆龙

爱德华·科普

361 进化

爱德华·科普坚信物种进化论，但却与达尔文的进化论稍有差别。他在让-巴蒂斯特·拉马克的理论基础上提出了动物身体上使用最多的部分进化最快的观点。由于大猩猩常常使用它们的双臂，因此双臂变得十分强壮。

薄板龙

鱼龙

胄甲龙

始祖鸟

始祖象

362 科普的法则

科普的法则认为动物体形是随着时间发展变得越来越庞大的。如果这个理论是正确的，那就说明所有物种只要变大就能生存下来，因为体形越大就越能进行出色的自我保护。但同时庞大的体形也意味着离灭绝不远了，因为当体形变大时，食量也会增加，食物不足的矛盾也会接踵而来。

363 朋友是不会这样做的

科普和奥赛内尔·马什结识成为了好友。科普在新泽西发现了许多化石，而美国唯一的古生物学教授马什对此很感兴趣。他们一起挖掘出很多不完整的骨架化石。但某天马什私下付给科普的挖掘员们一些钱，"买"走了他们挖掘的化石。科普和马什的友谊也就走到了尽头。

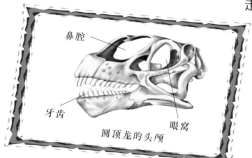

鼻腔

牙齿

眼窝

圆顶龙的头颅

圆顶龙

364 这就是战争

1870年，两位伟大的古生物学家终于成为了彼此永恒的敌人。科普错把薄板龙的头骨化石碎片安装在了尾巴上，而马什发现了这个错误并到处取笑他。就这样，一场名为"化石挖掘战"的漫长竞争由此展开。其实马什也犯了个错误，他用圆顶龙的头颅化石碎片组装出了一具迷惑龙骨架，而人们直到1981年才发现这个错误！

化石挖掘战

365 化石挖掘战

科普和马什发起了"战争"。从1858年起，这两位敌对的古生物学家就开始竞争"灭绝动物的最佳发现者"这一称号，这场"战争"被称为"化石挖掘战"。在他们"战争"开始之前，人们在北美只发现了18种恐龙，但当"战争"结束时，人们居然认识了超过130种恐龙！

化石上覆盖的石膏层会被
小心地取下

366 从夏天到冬天

马什和科普都十分富有。他们每年夏天的时候都会自费派遣远征队去西部，再将成吨的化石寄回东部的大学。他们会在大学进行化石的研究工作，并在冬天发表新发现。

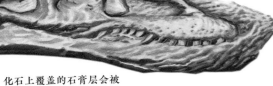

清洁骨头化石时要格外
小心，以防化石受损

367 利用好每一次机会

但是现代的古生物学家们不会感激这段化石大发现的时期。因为科普和马什都会利用每一次机会制造陷阱扰乱对手的研究，有时还会贿赂收买研究人员和政客，在公有土地进行挖掘，甚至还都希望对手下场很惨。这简直太可怕了！

368 为了获胜而搞破坏

马什和科普的团队势不两立，有时他们甚至会盗取对方的化石，或向对方研究的矿层中投掷炸弹，目的就是毁掉对方的研究成果。更夸张的是，他们甚至会为了不让对方继续挖掘而炸毁自己研究过的矿层。

一具梁龙骨架化石

369 谁赢得了战争

就化石数量而言，马什赢得了"战争"，他挖掘出86种新物种化石，而科普只发现了56种。这场"战争"唯一的获利者就是各大博物馆，他们挖掘出的所有化石都在博物馆中保存着：科普发现的化石保存在德国的菲拉德尔菲亚科学博物馆，而马什发现的化石则分开保存在史密森尼博物馆、皮博迪博物馆、康涅狄格州的耶鲁大学博物馆。

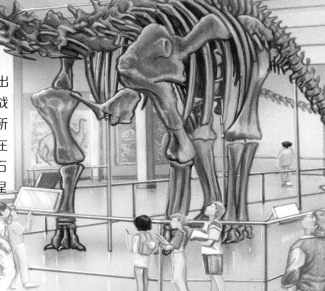

370 诡计多端

比利时的古生物学家路易斯·道罗想证明禽龙是用两只腿行走的，但当时已知的一切数据都有悖于他的观点。道罗没有纠正自己的错误，而是将禽龙尾骨的化石全都打碎了，目的就是维护自己的错误观点。

多亏了众多的博物馆和电影，人们才有兴趣了解这种神奇的史前生物的历史和生活习惯

439

伟大的古生物学家（2）

 371 黄铁矿

19世纪末人们开始举办第一批恐龙展览。但这么多年过去了，恐龙的骸骨化石中渗入了一种名叫黄铁矿的物质，这种物质一遇到空气就会变成硫酸铁，整块骸骨化石都会毁坏。布鲁塞尔自然科学博物馆尝试用酒精、砷和紫胶解决这个难题，但这只会让情况变得更加糟糕。

 372 黄铁矿的解药

今天我们知道了布鲁塞尔自然科学博物馆配制的药品只是将湿气锁在了恐龙骨头化石内，这会加速骨头化石的毁坏速度。为了避免悲剧重现，现在我们都会往恐龙骨头化石内注入一种人造物质来除去湿气，这样就能使骨头化石变硬，解决由黄铁矿带来的疑难杂症。

 373 化石屋

在美国坐落着恐龙化石屋博物馆。这是一座独一无二的博物馆，因为它除了举办中生代时期动物展之外，整个房子都是用恐龙的骨头化石建成的！这座博物馆于1933年由托马斯·柏爱兰建造而成，所用材料全部来自科摩崖附近矿层中的骸骨化石碎片。托马斯还建造过一幢石头房子，大小跟梁龙差不多，目的就是让人们了解梁龙到底有多大。

梁龙

374 革命性的古生物学家

有许多古生物学家在科摩崖工作过，其中有一位名叫罗伯特·巴克，在巴克的画像中，他身骑自行车，头戴牛仔帽，还蓄着络腮胡子，他的外形怎么看都不像一位科学家。他曾写过一本小说（参见第481页）和几本关于恐龙的书，也曾给电影《侏罗纪公园》提出过建议，他甚至还在该电影的电子游戏中露面，给玩家提供关于恐龙种类的线索。

罗伯特·巴克

375 最新的发现

古生物学家们最新的两个发现是：第一，在中国发现了巨盗龙，它看上去就好像一只身长8米的大鸟！第二，新命名一种白垩纪时期的小型鸟臀目恐龙——始奔龙，它们身长只有30厘米，行动速度极快，就像今天生活在我们身边的狐狸一样。

剑龙

441

376 波拿巴，阿根廷的骄傲

阿根廷的古生物学家何塞·波拿巴在20世纪70年代到90年代于美国南部发现了总共21种恐龙化石。其中有南翼龙（弗拉门戈的翼龙）、几种主龙和一些原始鸟类。他是第一个注意到冈瓦纳古大陆上的恐龙体形要比劳亚古大陆上的大的人。

377 先驱阿米希诺

由于两者工作贡献相当，人们常常把何塞·波拿巴和福洛蒂诺·阿米希诺（1853—1911）放在一起比较。阿米希诺是阿根廷第一位杰出的科学家、古生物学家、人类学家和大学教授。他曾研究过拉潘帕的化石，为了筹够资金进行远征，他和弟弟合开了一家书店。

378 作家阿米希诺

事实是福洛蒂诺·阿米希诺的研究成果足够装满好几个书架了：他曾写过24册书，每本厚度700~800页不等，里面充满了对近一千种已灭绝动物的详细描述（其中大部分都是由他发现的）。

379 "恐龙先生"雷森（1）

来自美国的唐纳德·雷森花费了15年的时间周游世界各地，寻找恐龙的踪迹，而人们给他起了个绰号——"恐龙先生"。他监督了巨盗龙和阿根廷龙化石挖掘的整个过程，并且参与了化石的重组工作。此外雷森还出版了超过20本关于恐龙的书籍，并且在最著名的儿童杂志《儿童亮点》上用英文发表恐龙故事。

阿根廷龙

380 "恐龙先生"雷森（2）

"恐龙先生"雷森是两个最大的研究中生代生命组织——恐龙社会与侏罗纪协会的创始人。出于这个原因，再考虑到雷森为了让人们更加了解神奇的恐龙世界而付出的努力，何塞·波拿巴将一种三叠纪时期的原蜥脚类恐龙命名为雷森氏龙。

阿马加龙

食肉牛龙

381 神话般的捕食者

窃蛋龙

罗伊·查普曼（1884—1960）的一生中充满了在遥远的他乡冒险的经历。20世纪初期，他来到中国，而那时中国还是一个战争不断、危险重重的国度，戈壁、沙漠成为了查普曼最初的目标。1923年，查普曼在那里挖掘出了第一批恐龙化石，并将它们带回了美国自然历史博物馆。

382 印第安纳的查普曼

罗伊·查普曼在探险过程中，曾独自面对过鲸鱼、鲨鱼、蟒蛇和强盗。这些险境不止一次地差点夺去查普曼的性命，但他仍坚持不懈地投身到更加复杂险恶的环境中去。导演史蒂芬·斯皮尔伯格和乔治·卢卡斯从查普曼身上获得了灵感，他们以查普曼为原型，创造了印第安纳·琼斯这一角色。

腔骨龙

崭新的数据

古生物学家查特吉曾在得克萨斯理工大学博物馆工作，他的工作成果使得人们终于发现了一些有关三叠纪末期印度爬行动物比如植龙、喙头龙和长颈龙等主龙类动物的有趣数据。在得克萨斯，查特吉发现了波斯特鳄和极具争议性的原鸟化石，原鸟刷新了人们对于地球上已知鸟类的认识。

长颈龙

波斯特鳄

 **恐龙的终结**

查特吉最近又重新研究了与他专业有关的问题——大陆的移动。查特吉去往印度研究由一颗陨石造成的巨大火山口，却发现印度大陆在6500万年前就与亚洲大陆相撞了，这个撞击使得世界上所有的火山都开始活动，产生的火山灰连同由陨石撞击而产生的尘雾一起遮盖了天日，改变了当时地球上的气候，从而也终结了恐龙的生命。

布拉塞龙

385 最大的恐龙

路易斯·阿尔卡拉是特鲁埃尔古生物学家协会的创始人，他带领着自己的团队发现了欧洲体形最大的恐龙——图里亚龙的化石。历史上还有一位史前生物学者，他名叫马努埃尔·多明戈·罗德里格斯，专门研究哺乳动物化石。

386 英雄们

在古生物学的研究史册中，还记载着许多其他响亮的名字，但其中大部分人一生都默默无闻。他们都是古生物学家们的助手，并且几乎都是熟悉当地环境的本地人，他们的工作就是引导古生物学家到各个矿层中去。理查德·马克格拉夫来自欧洲，但却深爱着撒哈拉沙漠。他曾在1901~1912年间作为化石采集者在德国古生物学家恩斯特·斯特莫冯·赖欣巴哈手下工作。

387 第一只像鸟一样的恐龙

1996年，研究员何塞·路易斯·桑斯的团队在昆卡发现了第一只像鸟一样的恐龙化石。这是一种生活在距今1.15亿年前的爬行动物，它的外形像极了鸵鸟，但吻部长满了尖牙利齿。人们把这种恐龙称为似鹈鹕龙。

似鹈鹕龙

三角龙

988 长有最多犄角的恐龙

1996年，8岁的克里斯托弗·沃尔夫在新墨西哥州发现了一具化石，这是人类已知的最古老的角龙——祖尼角龙（生活在距今9000万年前），它的鼻子上长有第三只角。如果你发现了一只恐龙的化石，你也可以用自己或亲人的名字为它命名。比如1989年在南极发现的丽阿琳龙（即雷利诺龙）化石，发现者就是用自己女儿的名字丽阿琳为它命名的。

989 最后的恐龙

2002年，新墨西哥州出土了一具鸭嘴龙的化石，研究表明这具化石有6450万年的历史。这就意味着在大灭绝之后，地球上仍然有恐龙存在。这些化石很可能是因小型地震发生土层位移而产生的鸭嘴龙骸骨化石。总而言之，我们要研究的还有很多！

鸭嘴龙

科幻世界中的恐龙

390 传说中的恐龙

在700多部电影、电视剧或电子游戏中都出现过恐龙的身影。我们一直沉迷于幻想如果我们与恐龙打了个照面，会发生怎样的状况。但恐龙的故事在电影发明之前就流传甚广了，最初恐龙是在书籍中变得有名的。

蛇颈龙

 391 《地心游记》（1864年）

法国著名的作家儒勒·凡尔纳在1864年出版了《地心游记》一书，故事讲述的是几位科学家发现了一个巨大的古老山洞，在那里生活着许多的史前生物，但没有真正的恐龙。在凡尔纳的小说中提到了鱼龙、蛇颈龙和柱牙象。

儒勒·凡尔纳

392 我们学到的知识

1864年，儒勒·凡尔纳在书中写到，太空中的温度是－40℃，并且火山中的岩浆一遇到水就会导致火山爆发。但在科技发达的今天，我们很清楚他在书中写的并不正确。

393 更靠近地心的位置

由《地心游记》改编而成的同名电影于1959年上映，主演是帕特·布恩和詹姆斯·梅森。导演胡安·皮克尔·西蒙在1976年拍摄了该小说改编西班牙语版的电影，同时这部小说还被改编成了三部迷你电视剧、一部话剧和两款电子游戏。这部小说甚至还由里克·威克曼改编出版了配乐的光盘。

鱼龙

394 《失落的世界》（1912年）

阿瑟·柯南·道尔是一位苏格兰作家，他因创造出夏洛克·福尔摩斯这一角色而名声大噪。但他同样也出版过像《失落的世界》这样的冒险类小说。在《失落的世界》一书中，查伦诸教授带领他的团队来到南美洲的丛林中寻找恐龙，但却误打误撞进入了一个全是恐龙的山谷。

这是一幅哈里·朗特里画的插图，他是《失落的世界》一书的插画师

禽龙

跃龙

395 《失落的世界》中的恐龙

在这部小说中，作者提到了斑龙、禽龙和剑龙等恐龙，鱼龙和蛇颈龙等海洋爬行动物，恐鹤、双型齿翼龙等长有翅膀的巨兽，以及许多不同种类的原始哺乳动物。查伦诸教授的团队将一只翼龙带了回来，这是一种已经灭绝的动物。但是读到现在你肯定也知道了，翼龙并不是恐龙。

396 关于跃龙的错误

道尔在描述爬行动物的体形时犯过不少错误。比如他在书中这样写道，一只"像马那么大的"跃龙袭击了主角们的帐篷。他所描述的应该是只跃龙宝宝吧，因为所有的成年跃龙体长都能达到近10米啊！

跃龙

397 飞机上的恐龙

1925年6月22日，《失落的世界》首次以电影的形式出现在人们面前，本片的导演是哈里·霍伊特。它是首部在飞机上播放的电影，伦敦飞往巴黎的航班成为首播这部电影的幸运航班。此外，本片还首次采用了定格动画的技术，让电影中的恐龙动了起来。

398 太多个失落的世界

《失落的世界》总共被改编成了6部电影和3部电视连续剧。有时候为了添加人物，导演会把小说内容稍作改动，但这样修改之后山谷中的人物似乎太多了点。在其中一部电视连续剧中，查伦诸教授和他手下的挖掘队员们居然与阿图罗国王的后代相遇了，他们甚至还见到了吓人的开膛手杰克。

399 《恐龙葛蒂》（1914年）

《恐龙葛蒂》是世界上第一批动画片中非常著名的一部作品，该片由温瑟·麦凯创作，主角是一只温顺可爱的雷龙。这是史上第一只动画恐龙。

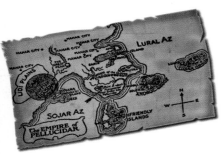

400 地底世界

作家艾德加·赖斯·巴勒斯在他的小说《地心记》中说地球是空心的，在距离地表750公里深的地方存在着另一个世界，名叫地底世界。巴勒斯在书中描写过几种不同的生活在地下的恐龙和动物。有关地底世界的故事实在太有趣了，因此侦探漫画DC漫画公司的出版社创造出了一个名为斯卡提亚斯（Skartaris）的世界，它与地底世界十分相似，里面也生活着许多恐龙。

401 地底世界中更多的惊喜

地底世界中有些动物颠覆了我们的想象，例如头脑强大但心地邪恶的翼龙，或一群身骑恐龙的蜥蜴人。而巴勒斯笔下最著名的人物——泰山，在地底世界时也要面对这群蜥蜴人的挑战。

风神翼龙

无齿翼龙

402 后续作品

当提及某个生存着未知生物或灭绝物种的险恶世界时，《被时间遗忘的土地》和《失落的世界》里的故事已成为了人们最常用的例子。除了以上两个例子，还有就是2006年人们在印度尼西亚的一个山谷中发现了超过40种新物种。

《被时间遗忘的土地》
（1918年的小说，1975年的电影）

巴勒斯和恐龙们又在这本小说中重逢了：在第一次世界大战期间，几名幸存者来到了卡普罗那的一座神秘岛屿上，令他们困扰的是这里生活着许多来自不同时期的史前生物：翼龙、霸王龙、剑齿虎……主角们被这一切深深地震撼了，当他们建好一座避难所时，就将它命名为恐龙堡垒。

伤龙

 《金刚》
（1933，1976和2005年）

骷髅岛，一个居住着迷惑龙和霸王龙的神秘岛屿。电影中最著名的巨型黑猩猩就来自这里。啊当然了，根据最新一版的电影，金刚的学名应该是超灵长金刚，由巨猿进化而来。巨猿是一种身高3米的猿，生活在距今约100万年前的中国等地。

 骷髅岛

你能认出在1933年版《金刚》中出现过的所有恐龙种类吗？电影中有一只剑龙冲向了骷髅岛的拜访者们，有一只迷惑龙误入了沼泽中，而与金刚大战的那只怪兽是霸王龙和跃龙的混合体。在骷髅岛的上空还盘旋着喙嘴龙、无齿翼龙和始祖鸟。

 创造恐龙

《金刚之子》（1933年）是这场冒险故事的第二部分，这一次在骷髅岛上出现了一只戟龙和一只蛇颈龙。2005年上映的新版《金刚》中没有出现大家熟悉的恐龙——所有的恐龙都是臆想出来的。

《公元前一百万年》（1940年）

这是第一部尝试讲述穴居人生活的电影。但在恐龙这个问题上导演还是出了差错，因为在一百万年前地球上一只恐龙都不剩了，更别说电影开始时那只如小猪般大的三角龙了。

1918年一部威尔斯·奥布莱恩参与制作的电影的海报

 ## 动画木偶

化石是不会动的。那电影中的恐龙是如何动起来的呢？有些电影使用了由威尔斯·奥布莱恩（电影《失落的世界》和《金刚》的特效师）发明的定格动画技术，这种技术就是将木偶们逐格拍摄，每次将木偶移动一点。之后将拍摄的照片快速地连续放映，这些木偶看上去就好像动了起来。

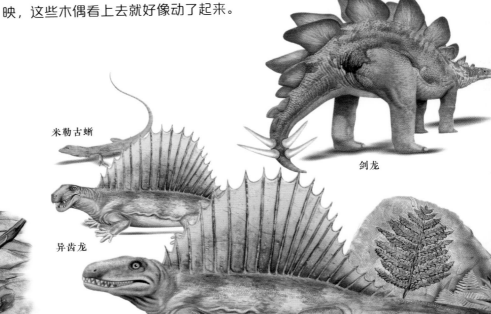

米勒古蜥

剑龙

异齿龙

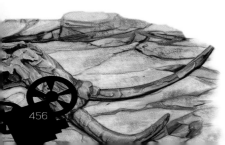

《幻想曲》（1940年）

异齿龙

这是一部音乐电影，其中使用了斯特拉文斯基的《春之祭》作为恐龙王国故事的背景音乐。华特·迪士尼以更加真实的方式赋予了恐龙们生命，尽管他还是犯了些错误，比如将恐龙和与它没多大关系的异齿龙混合在了一起。他还给霸王龙画了3根趾头（实际只有两根），当人们提醒他时，他是这样回答的："但它长3根趾头感觉会更好啊。"

霸王龙

《蝙蝠侠》中的霸王龙（1946年）

在蝙蝠侠的住所中，我们总能看到房间的尽头放着一张巨大的纸牌，一枚大钱币和一只霸王龙。在这个故事里作者为我们解释了这只霸王龙的来源：有一次，几个小偷盗走了游乐场的机器霸王龙，蝙蝠侠抓住了他们，游乐园的主人为了表示感谢，就将这个机器霸王龙送给了蝙蝠侠。

恐龙的诞生

另一种比定格动画更加先进的技术是抓捕真正的爬行动物（比如小蜥蜴和巨蜥），在它们身上贴上鳍和角，将它们装扮成恐龙的样子，再进行近距离的拍摄，这样一来它们在屏幕中看起来就十分庞大了，好像真的将恐龙复活了。

412 《一声惊雷》（1952年）

美国奇幻小说家雷·布莱伯利所著的《一声惊雷》，是一本畅销的科幻小说并且一版再版。这本书跟恐龙有什么关系呢？《一声惊雷》讲述了主人公穿越到过去捕捉霸王龙的故事。这名捕猎者无意中踩死了一只蝴蝶，然而这个小小的失误却改变了未来。这部小说在 2005 年被改编成电影《雷霆万钧》，而杜兰杜兰乐队的首张专辑中还有一首关于《一声惊雷》的歌曲。

413 克利普顿星的恐龙（1952~1964年）

克利普顿星是超人的故乡，这颗星球上的狗长得跟地球上的一样。我们还知道这个星球上有3种恐龙：体长3米，长有翅膀的蜥蜴，喜欢吃金属；长有类似薄板龙头和角的紫色大蛇；而该星球上会思考的生物——戟龙，会将思想像放电影一样在颈部项圈上展示出来。

霸王龙

414 《海底两万里下的怪兽》（1953年）

在这部冒险电影中，主角们解冻了一只体长30米的雷多龙，这只复活的怪兽在纽约街头大肆破坏。雷多龙看上去就像霸王龙和鳄鱼的混合体，它还会传染一种致命疾病。但大家无需担心，因为这只恐龙现实中是不存在的，是天才特效大师雷·哈里豪森幻想出来的。

三角龙

剑龙

《哥斯拉》（1954年）

在《海底两万里下的怪兽》上映后，日本东宝制片厂打造出了《哥斯拉》这部电影。这个如今风靡全球的大怪物是受原子辐射后变异的产物（就像雷多龙一样），它的外表融合了好几种恐龙（禽龙、霸王龙再加上剑龙）的特征。

416 可敬的大怪兽

在日本，像哥斯拉、卡美拉或金刚这样的巨型怪物都被称作怪兽（KAIJU），含义是"神秘的猛兽"。如果这个怪物比一座摩天大楼还要庞大的话，那就改名叫做大怪兽（DAIKAIJU）。

417 《恐龙猎人》（漫画和电子游戏）

禽龙

雷克斯·梅森在1954年创作了《恐龙猎人》这部漫画，讲述的是一对有超能力的主人公在恐龙世界中的故事：美国人图罗克（TUROK）和他的伙伴置身于失落的新墨西哥州，在这里不仅时间流逝缓慢，他们还要面对许多巨大的爬行动物。从1997年起，《恐龙猎人》就被改编成了电子游戏，图罗克也成了游戏中的英雄。

猛犸象

《史前之旅》（1955年）

这部捷克电影讲述了一行人乘船漂流于地下河中，却偶然发现他们穿越回了恐龙时代的旅行故事。他们在那里看到了猛犸象、戟龙、雷龙、剑龙，甚至还有无齿翼龙。

《摩登原始人》（1960~1966年）

弗雷德和威玛的宠物是恐龙蒂姆，而蒂姆从1960年动画片播出开始就一直是大家心目中的恐龙明星。蒂姆是作者创造出的一只恐龙，它的形态十分可爱，大小跟警犬差不多，还总是流口水，最喜欢做的事情就是和小剑齿虎宝宝吵架打闹。

史前的风趣

在《摩登原始人》的世界里，主人公会把恐龙和其他一些史前生物当做现代设备使用。例如始祖鸟们承担起了运送翼手龙乘客的任务，迷惑龙被当成了挖掘机用，而猛犸象则被当成了吸尘器。虽然我们心里很清楚，这些动物不是生活在同一个时期的，但既然动画改编得如此有趣，我们为何还要吹毛求疵呢？

真双型齿翼龙

421 第二次世界大战中的恐龙（1960年）

1960年，罗伯特·坎涅尔突发奇想，把战争漫画与恐龙故事相结合创作出了《恐龙岛》。恐龙岛是一个漂浮在南太平洋上的神秘孤岛。在《被时间遗忘的战争》这一集中就讲述了第二次世界大战中的战士们与恐龙相遇的冒险故事。

迷惑龙

422 《史前制片人》（1962年）

我们已经欣赏过了雷·布莱伯利对恐龙的无限奇思妙想，在《史前制片人》这个故事中，一位脾气很差的电影制片人乔·克拉伦斯发现人们都把他当成霸王龙看。那么克拉伦斯改掉自己的坏脾气了吗？当然没有！他反而学会享受作为"霸王龙制片人"统治他人的快感了！

霸王龙

423 《蛮荒之地》（1965年）

漫威漫画中有许多超级英雄，而不论是蜘蛛侠还是钢铁侠，都无需经历时间旅行就能与恐龙大战一场。原因就是在漫威宇宙中存在着一片蛮荒之地，这是藏匿于南极的一片炽热土地，在这里生活着恐龙、剑齿虎和一个突变的种族，当然了还有一对人类夫妇：勇敢的卡-扎尔和珊娜。

《公元前一百万年》（1966年）

424

该片是1940年《公元前一百万年》的第二版，但制作组又犯了同样的错误：公元前一百万年时所有的恐龙都已经灭绝了！但这部影片至少给了我们看到恐龙的机会，跃龙、三角龙、角鼻龙都通过特效大师雷·哈里豪森的魔术之手动了起来。影片中一只身长4米的巨型海龟攻击了主人公们，而制作组起码叫对了它的名字——古海龟。

无齿翼龙

索伦

425

一只会喷火的吸血翼龙？没错，这就是雷·托马斯和亚当斯尼尔在1969年创作出的一个古怪角色。他名叫索伦，跟《指环王》中的恶棍同名。在漫威的漫画中，索伦是一个反派角色，他因被帕塔哥尼亚的变种翼龙咬伤而获得了超能力。这是多奇怪的超能力来源啊！

《暴龙谷》（1969年）

426

受老师威利斯·奥布莱恩的启发，雷·哈里豪森参与制作了这部电影。在片中有几个牛仔在墨西哥捕获一只跃龙，并把它带回了村庄，但这只跃龙却逃往了市中心。雷挑选了许多不同的化石，组合出了主角跃龙关吉的形态。

跃龙

始祖鸟

《恐龙与人类》（1970年）

在1970年，又有一部关于恐龙和穴居人的电影上映了。这部电影的故事围绕加那利群岛展开，采用了定格动画和模型恐龙等独特的技术，从而生动地展现了三角龙、跃龙、蛇颈龙、翼龙，甚至还有巨型螃蟹。

霸王龙

《恐龙入侵》（1974年）

在这个系列中，主人公神秘博士身担保护地球的重任，通过时间旅行的方式保护着地球人类不受外星人威胁。纵观全书，霸王龙、翼手龙和剑龙在现实世界中时隐时现，这都是激进的生态学家们邪恶计划的一部分，他们想把伦敦的居民赶出自己的家园。但作者同样把霸王龙和跃龙搞混了。

三角龙

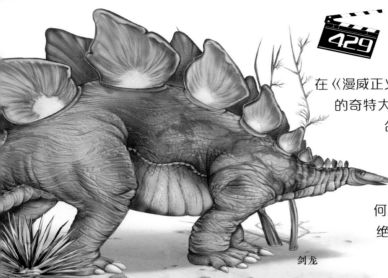

剑龙

429 史泰格瑞（Stegron）（1974年）

在《漫威正义联盟》的第19期漫画中出现了一位蜘蛛侠的奇特大反派，他叫史泰格瑞，是人类和剑龙的混合体。史泰格瑞力大无比，皮肤上布满鳞片并且不会被子弹打穿，他的身后长有吓人的尾巴，同时还拥有能让所有恐龙逃窜的能力。在20世纪70年代史泰格瑞是如何找到成群的恐龙的呢？那时恐龙不是都灭绝了吗？翻到第461页，你就会知道答案了。

430 卡西米尔（1974~1982年）

20世纪70年代的法国儿童们一定都还记得可爱的小恐龙卡西米尔，它是电视节目《儿童岛》中的主人公。卡西米尔是一只身长2米的橘黄色小恐龙，皮肤上有红色和黄色的斑点。它最喜欢吃由草莓蜜饯、巧克力屑、香蕉、芥末再加上生香肠做成的混合食物。看上去不是很美味，对吧？

卡西米尔

431 《恶魔恐龙》（1978年）

恐龙作为主角终于拥有一部自己的漫画了。1978年，《神奇四侠》和《美国队长》的创作人杰克·科比幻想出了一个崭新的世界，恐龙和人生活在这里。杰克创造出了一只名叫"恶魔恐龙"的变异霸王龙，它有一个名叫"月亮男孩"的穴居人好朋友。能拥有一个霸王龙同伴感觉一定棒极了！

432 漫画中的恐龙

在20世纪70年代，随处可见有关恐龙的小插图。第一本英国科幻漫画杂志《2000.A.D.》在1977年发行了创刊号，这本杂志就是连载故事《肉》的诞生之地，《肉》讲述了22世纪的一群牧民为了得到恐龙肉而穿越到白垩纪时代的冒险故事。这一系列故事中最著名的恐龙便是"上古之眼"，它是一只巨大的霸王龙，而它的后代萨塔努斯被克隆后在未来得到了重生。

腕龙

433 与恐龙们嬉戏

还有另外几个系列的故事在《2000.A.D.》上连载过：《恐龙蒂亚》是一部讽刺作品，作品中绅士、贵族们全被换成了恐龙。而有一作品中，恐龙们又在未来复活了，那时的地球上只剩最后200个人，恐龙们决定在人类把地球毁掉之前将他们全吃掉。在《特警判官》中同样存在着一座恐龙国家公园，这座公园与迈克尔·克莱顿小说中的侏罗纪公园十分相似，但比它早了12年。

圆顶龙

434 另一颗星球上的恐龙

在安妮·麦卡弗里的小说《恐龙星球》（1979年）中，主人公们的任务便是探索一颗遥远的星球，那里生活着巨大的兽脚类食肉恐龙和温和的鸟臀类恐龙。但主人公们要如何到达那颗星球呢？那颗星球上的恐龙与地球上的恐龙一样吗？它们会不会是以不同的方式进化呢？

《恐惧之岛》

1975年，加里·吉盖克斯设计出了第一个角色扮演
游戏：《龙与地下城》。在这个充斥着弓箭和小妖精
的世界中，同样也有恐龙的一方天地。恐龙们的首次亮相
是在1981年的支线冒险游戏《恐惧之岛》中，游戏背景设定
故事都发生在灰鹰世界中。在《被时间遗忘的国度》中同样存
在许多恐龙，其中一只甚至还精神错乱了，因为它误食了一株含
有致幻剂的植物。

迅猛龙

20世纪80年代的电子游戏

纵观整个20世纪80年代，恐龙的身影还很少出现在电子游戏
的世界中。值得一提的是《恐龙蛋》（1983年），这是一款
平面游戏，玩家所需要做的就是在画面中寻找恐龙蛋，并且不
能让自己的火堆熄灭，这样才能不被恐龙妈妈攻击。在《恐龙
设计 II》（1990年）中，玩家需要将不同恐龙的身体各
部分拼凑起来，并把成品生物寄回盘古大陆，目的
就是复原被盗走的基因编码，简
直太神奇了！

437 你长大想做什么？

雷·布莱伯利十分钟爱恐龙，1983年，他写了一篇文章《除了恐龙，你长大还想做什么》。故事讲述的就是一个小孩子这样问自己，长大有什么好呢？他不想做医生，不想做律师，也不想做宇航员——他只想成为一只恐龙！如果长大的话，他只想做一只身长9米的三角龙！那你呢？

三角龙

438 《变形金刚》（1984~1987年）

擎天柱带领的变形金刚中只有五个机器人可以变成恐龙，它们就是机器恐龙部队。钢锁是战队的队长，会变成霸王龙；铁渣可以变成三角龙；淤泥可以变成雷龙；嚎叫会变成剑龙；而飞标则会变成翼龙。它们是一支十分叛逆的队伍，但同时也是变形金刚中最强大的五个成员。

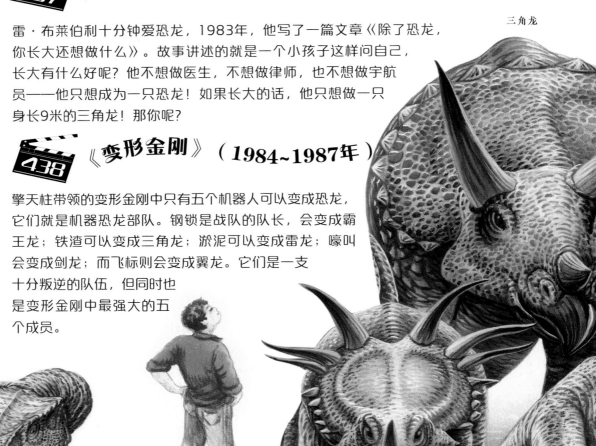

霸王龙

《暮色》（1985年）

439

在这本书的第三章《文字游戏》中，主人公周围的语言环境发生了改变，而他需要重新学习语言，把一些常用的词汇改成别的语言。在那个新世界的语言中，人们用来代替"午餐"一词的词语居然是——"恐龙"！

真双型齿翼龙

《恐龙的进化》

440

《生还者们》（1984年）是小说《恐龙星球》的第二部，书中的翼手龙们终于进化成了拥有高智商的统治者，但不幸的是由于无法继续进化，它们只能接受被捕捉的命运。

尖角龙

电影《海底两万里下的怪兽》中巨型鱿鱼的触手

《宝贝》（1985年）

生化学家罗伊·麦卡尔在1980年前往刚果共和国研究有关魔克拉-姆边贝的传说，这是一种现今存在的神秘生物。比尔·诺顿在1985年拍摄了一部据此改编的电影，影片中有两位古生物学家发现了一只迷惑龙宝宝，并决定保护它躲避麦卡尔博士的追捕。

迷惑龙

442 电子动物们

《宝贝》拍摄时，电脑特效技术还不十分发达，因此影片中所有的恐龙都是电子恐龙。这些电子恐龙都是由迪士尼公司的李·亚当斯制作的。电子动物就是按程序做出动作的机器动物，史上第一只电子动物其实是电影《海底两万里下的怪兽》（1954年）中的那只巨型鱿鱼。

《卡迪拉克与恐龙》（1986~1988年）

在20世纪80年代产生了一种新的方式来演绎恐龙世界中的冒险故事。《卡迪拉克与恐龙》既是一款电子游戏又是一部动画片，改编自漫画《史前异形传说》，漫画中人类因避难而躲藏在地下长达600年，当他们重返地面时却惊奇地发现恐龙时代又回来了。

燃料，化石

人类可以从石油中提取汽油，石油是一种化石燃料，它是埋藏在地底下的植物或动物遗骸经过千万年的分解作用后形成的。然而搞笑的是，在《卡迪拉克与恐龙》中，人们忘记了提炼石油的方法，他们竟然发明了一种靠恐龙粪便运转的发动机！

《星际恐龙大争霸》（1987年）

这是一部讲述太空恐龙人与暴龙人之间的战争的动画片，片中的这两组主角都来自外星。动画中的英雄可以通过"恐龙化"而变身成高智商恐龙。残暴的暴龙人却拥有一把逆"恐龙化"的手枪，这把手枪可以将敌人变成头脑简单的恐龙。除此之外暴龙人还配有能把敌人石化的"石化枪"。

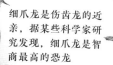

细爪龙是伤齿龙的近亲，据某些科学家研究发现，细爪龙是智商最高的恐龙

夜翼龙

"恐龙战队"（1988年）

高脚怪（操纵霸王龙）、尖角怪（操纵三角龙）、飞天怪（操纵翼龙）、矮脚怪（操纵剑龙）、长颈怪（操纵迷惑龙）和铁甲怪（操纵甲龙）是《变形金刚》中归属于大恐龙萨拉斯恐龙战队的六只狂派机器恐龙。这六只机器恐龙因受到陨石撞击而坠落地球，并且受了重伤。汽车人将它们医治好。为了表示感谢，恐龙战队主动向汽车人提供有关敌星的信息。

《小脚板走天涯》（1988年）

《小脚板走天涯》1988年诞生于唐·布鲁斯、乔治·卢卡斯和史蒂文·斯皮尔伯格的妙手下。动画中的五名主人公分别是小雷龙"小脚板"、三角龙"赛拉"、翼龙"皮特里"，剑龙"布阿斯"和鸭嘴龙"小鸭"，它们一起经历了许多冒险故事。

甲龙

霸王龙

三角龙

剑龙

448 《丹佛·最后一只恐龙》（1988年）

在唐·布鲁斯的电影大获成功之后，诞生了更多的以恐龙为主角的动画片。《丹佛·最后一只恐龙》中，一只可爱的小恐龙在20世纪破壳而出。调皮的丹佛有一大群好朋友，他们教丹佛跳舞、弹吉他，大家甚至还会一起滑滑板。

无齿翼龙

迷惑龙

449 《新的恐龙》（1988年）

不同于之前的"穿越"风潮，《新的恐龙》中没有人穿越到中生代进行时间旅行，而是提出了新的疑问——如果恐龙没有灭绝的话，现在的动物区系会是怎样的呢？恐龙是否还会有继续进化的机会呢？《新的恐龙》的作者道格·狄克逊考虑到了人类已经认识的动物之间的各种竞争，并总结出了在哪些情况下恐龙有获胜的可能性。

473

450 1990年的小说，1993年的电影

在这个奇幻的故事中，因为克隆技术的应用，恐龙得以复活。故事的主人公是古生物学家艾伦·格兰特。但你知道吗，作者迈克尔·克莱顿其实是以一位真实的古生物学家为角色原型的，他就是慈母龙的发现者、恐龙专家杰克·霍纳。

451 恐龙的性别

故事的主人公提出过这样的疑问：既然科学家使用了有变性能力的青蛙的DNA弥补了恐龙DNA中的缺口，那这样复活的恐龙是否能够自己改变性别呢？人们在部分两栖动物的体内发现了这样的变性能力，动物园中的两条雌性科莫多巨蜥居然在没有雄性配偶的情况下生出了五只幼崽。雌性恐龙会为了自体受精而改变性别吗？

慈母龙

452 侏罗纪时期的错误

在《侏罗纪公园》的小说和电影中都出现过相似的错误：双脊龙能够吐出一种黏液，这种物质会导致敌人失明或中毒。虽然现实中没有任何资料证明双脊龙不会发动这样的攻击，但人们注意到了双脊龙那狭长的颌部，这种构造应该不可能吐出黏液。

伤齿龙

453 更多的错误

迈克尔·克莱顿认为霸王龙无法看到静止的物体，但事实上霸王龙的视力很好。不仅如此，伤齿龙等恐龙还进化出了出色的立体视觉。

猛犸象

454 但也有正确的地方

整部作品也并非错误连篇，《侏罗纪公园》激发了人们对克隆技术的兴趣，人们开始尝试通过克隆复活灭绝生物。就目前而言想要复活恐龙还只是天方夜谭，因为我们并没有充足的基因材料。但复活猛犸象呢？从2005年起人们就拼凑出了猛犸象完整的基因组，复活猛犸象不必使用青蛙的DNA，因为有一种更好的选择，那就是大象的DNA。

455 《侏罗纪公园》：河中的冒险

《侏罗纪公园》中的入水过山车的场景，在几个世界级的游乐场中也有再现：我们在河上漂流，欣赏到巨龙、鹦鹉嘴龙和剑龙，但突然一只似棘龙攻击了游船，所有游客都落入了迅猛龙的领地，我们被两只美颌龙、一大群双脊龙和一只巨大的霸王龙追着到处跑……，最后的结局就由你自己去探索吧！

456 一只恐龙宝宝

1991年，日本漫画家田中政志创作出一只身高只有半米的霸王龙宝宝，它脾气很差，名字叫作"阿贡"。阿贡的冒险故事全都发生在旧石器时代，但田中从没解释过阿贡在白垩纪大灭绝之后是如何活下来的。阿贡在故事中没有一句对白，但大家还是能够理解它所表达的意思。

双脊龙

457 木偶剧中的恐龙

《木偶秀》和《芝麻街》的制作人吉姆·汉森在1991年将所有心血都投入了恐龙木偶剧的制作中，最终成就一部集《摩登原始人》和《新恐龙》优点于一体的极其有趣的木偶连续剧——《恐龙》。故事中的恐龙家庭由以下几位成员组成：一只强大的斑龙厄尔，长得很像双脊龙的跃龙妻子芙兰，以及它们的三个孩子。这一家人要一起面临日常生活中的许多挑战，比如工作、学业等，甚至是大灭亡。

斑龙

458 危险中的生活

在《恐龙》的最后一集中，作者向我们展示了不负责任且肆无忌惮破坏环境的工业活动导致了地球的沙漠化，带来了冰河世纪和恐龙的灭绝。我们是该好好关注一下温室效应带来的影响了，《恐龙》带给我们无尽的思考……

甲龙

459 人类一恐龙

你可能已经见过《龙与地下城》的世界中隐藏的那些恐龙了，但你不知道的是其中还存在一种似人恐龙——蜥蜴人。它们远居在费伦星球的山谷中，共有四个种族：背刃族（剑龙似人族）、轻头族（与蜥脚类恐龙相似）、飞行族（长有人类身体的翼龙）和角头族（介于三角龙和甲龙之间）。

霸王龙

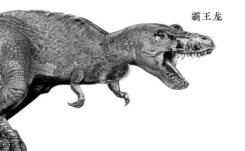

460 一只奇怪的鸭子

在迪士尼动画片《狡猾飞天德》中出现了一个奇怪的人物，名叫化石博士。他原来是一位古生物学家，但却"恐龙化"变成了一只无齿翼龙（现在我们知道鸟类并不是翼龙的后代）。化石博士对于之前大家对他的漠视感到憎恨，于是决定要与力大无比的剑龙助手一起消灭星球上其他居民。

剑龙

461 电子游戏

1992 年，一款由玩家通过键盘控制恐龙寻找伴侣的电子游戏出现了。这个原创游戏也激发了后期《恐龙公园大亨》的诞生，游戏中玩家需要经营一座恐龙公园。制作人借鉴了《侏罗纪公园 3》，创作出一系列后期游戏，如《侏罗纪公园：公园建设者》（2001 年）、《恐龙公园大亨之玩转恐龙》（2002 年）和《恐龙公园大亨之恐龙岛》（2002 年）。

食肉牛龙

462 与世隔绝的恐龙王国

詹姆斯·格尔尼的小说《恐龙帝国》讲述了一个神奇的故事：1992年，在某个遥远的地方出现一座孤岛，岛上的落难者和逃过白垩纪大灭绝幸存下来的恐龙后代和平地生活在一起。此后有超过20部小说、电影、电视剧和电子游戏将这座充满了友情、温馨的世外桃源呈现在了人们面前。

美颌龙

从"耀西"到《猛禽红》

《超级马里奥兄弟》（1993年）

463

我们不会忘记马里奥的好朋友耀西，那个电子游戏中最可爱的小恐龙。说起马里奥，就不得不提1993年的电影《超级马里奥兄弟》，在电影中一颗陨石终结了大多数恐龙的生命，并且将幸存的恐龙带到了另一个平行世界。恐龙在那里繁殖、进化直到建立起属于自己的文明，这个世界由霸王龙的后代——大魔王库巴统治。该片是第一部由电子游戏改编而成的电影。

三角龙

霸王龙

464 最著名的霸王龙

1993年，一只名叫雷克斯的恐龙名声大噪。《恐龙雷克斯在纽约》是一部动画电影，片中有一支可爱的恐龙队伍，它们的成员有霸王龙、三角龙、翼手龙和栉龙。一位来自未来的科学家把它们变得很聪明，消除了它们的暴力基因并把它们传送回了现代，好让它们认识一下自己的头号粉丝——孩子们。

465 有关恐龙的歌

人们创作了不少与恐龙有关的歌曲，美国歌曲恶搞专家艾尔·扬科维奇在1993年创作了一首与《麦克阿瑟公园》十分相似的歌曲，只不过歌中唱的是马尔科姆被侏罗纪公园中的捕食者们追着到处跑。克里姆森国王乐队的专辑中也收录了名为《恐龙》的歌曲。巧合的是在大卫·伯恩加入杜兰杜兰乐队之前，他所在的乐队名字就是恐龙乐队。

466 迅猛龙拳击手亚历克斯

在电子格斗类游戏《铁拳2》（1995年）中我们认识了世界上独一无二的迅猛龙拳击手亚历克斯，它是一只由伯斯科诺维奇博士复活而来的恐龙。可怜的亚历克斯时刻都要戴着它的拳击手套，因此它玩"剪刀石头布"的游戏从来没赢过，因为它只能出"石头"。

467 《猛禽红》（1995年）

《猛禽红》是所有恐龙相关作品中最奇特的作品了，为什么呢？因为这部小说的主角是一只迅猛龙，而且它还亲口向我们讲述了它的生活。这部小说的成功离不开它的作者——伟大的古生物学家罗伯特·巴克。（参见第441页）。

迅猛龙

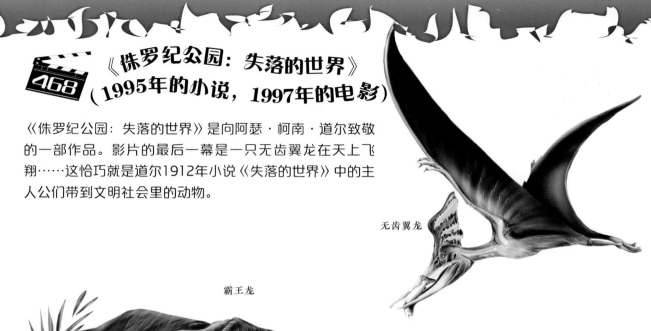

468 《侏罗纪公园：失落的世界》（1995年的小说，1997年的电影）

《侏罗纪公园：失落的世界》是向阿瑟·柯南·道尔致敬的一部作品。影片的最后一幕是一只无齿翼龙在天上飞翔……这恰巧就是道尔1912年小说《失落的世界》中的主人公们带到文明社会里的动物。

无齿翼龙

霸王龙

469 改错的才是智者

当迈克尔·克莱顿写完第一部《侏罗纪公园》时，他还坚信霸王龙等兽脚类恐龙无法看见静止的物体。但在1995年克莱顿认识到了自己的错误，因此在《侏罗纪公园：失落的世界》中，霸王龙变得不论对静止的物体还是移动的物体都能看得一清二楚。但故事中的人们还不知情，因此他们仍然觉得在霸王龙面前保持不动才是保命的好办法。

侏罗纪的错误（1995年）

迈克尔·克莱顿拥有丰富的想象力，在《侏罗纪公园：失落的世界》中，食肉牛龙拥有了与变色龙一样的能力。为了保护自己，它们可以把皮肤变成与周围环境一样的颜色，只不过这是一只体重约1.6吨的"变色龙"。

471 《恐龙战警》（1995年）

还有一部与《侏罗纪公园》走相同路线的电影，名叫《恐龙战警》。影片营造了一个人类与似人恐龙（就像电视剧《恐龙》中的蜥蜴人一样）和平共处的世界。一位女警察要调查一桩恐龙凶杀案，死者是一位恐龙市民。她需要一只霸王龙的帮助，因为那只霸王龙在案发时刚好经过那里，是最重要的目击证人。

食肉牛龙

472 《置身恐龙中》（1996年）

有时文学作品在翻译时，作品的名字会发生变化。如《山姆·马格鲁德》一书，为了更好地引起读者的注意，将名字改为《置身恐龙中》。故事主人公山姆在迷路后竟穿越到了恐龙时代，他必须要适应与这些远古爬行动物们一同生活，因为没有人会来这个恐龙世界寻找山姆。

迅猛龙

473 变形金刚：《超能勇士》（1996~1999年）

在动画片《超能勇士》中，变形金刚降落在了史前的地球上。其中钢锁这只机器恐龙勇士的外形就是一只迅猛龙，还有其他几只机器恐龙勇士，比如威震天外形是一只霸王龙，蛇鸟外形是一只翼手龙。

474 恐龙玩具

作为《忍者神龟》的优秀继承作品，动画片《恐龙勇士》同样也在20世纪90年代末推出了自己的系列玩具。《恐龙勇士》的主角是城市中的五位恐龙英雄：霸王龙、三角龙、剑龙、甲龙和翼龙，这个设定几乎与变形金刚恐龙战队的角色一模一样。驰龙的队伍一心想要接近地球热源，而恐龙勇士则担负着保护地球的重任。

霸王龙

戟龙

475 最大的食肉鱼（1997年）

这种动物并非恐龙，它在距今约1600万年前就出现了，但我们从未停止过对它的谈论。它就是噬人鲨，它是最大的食肉鱼类，体长达16米（就像4辆小汽车接排一样长）。

476 完美的鱼

鲨鱼在生物进化史上是个特例，据说鲨鱼是一种完美的鱼类，它从距今约6500万年起就停止进化了。它的生物特性十分奇妙，不仅能够感知到人类靠近它时所发出的电磁波，还拥有对癌症的免疫能力。

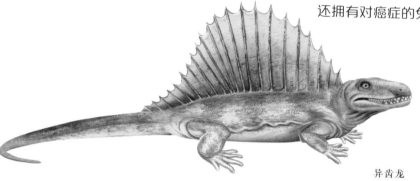

异齿龙

477 《恐龙猎手》（1998年）

这款游戏将玩家设定为类似《侏罗纪公园》主角的恐龙猎手。但这款游戏中有一个错误，游戏中的基龙、迅猛龙和隙龙，其实应该是异齿龙、犹他盗龙和三角龙。

478 《**恐龙猎手2**》（**1999年**）

霸王龙

《恐龙猎手2》中增添了几种新的恐龙，并且玩家可以选择在白天、夜晚或黎明进行打猎，但恐龙的面部形象没有做改动。

窃蛋龙

479 《**野蛮的追求**》（**1999年**）

市面上已经有许多有关恐龙的电子游戏，但几乎都没有太大创新，千篇一律。有一款奇特的街机游戏，名叫《野蛮的追求》。在游戏中玩家被设定成一只霸王龙，任务就是看管并收回被迅猛龙盗走的恐龙蛋。还有一款名叫《敌对行动》的游戏与它很相似，它属于《侏罗纪公园》系列，游戏中玩家扮演的则是公园中的一只恐龙。

迅猛龙

480
《恐龙之夏》（1999年）

所有关于恐龙的故事灵感几乎都来源于阿瑟·柯南·道尔的《失落的世界》这部小说。在《恐龙之夏》中，作者格雷·比尔将时间设定为道尔小说中的故事发生的50年之后，主角查伦诸教授尝试把马戏团的恐龙送回野外。与他同行的还有两位导演，他们想把这一切拍成电影，而这看上去似乎难以实现。

481 特效

从《侏罗纪公园》的创新开始，电脑特效技术把"复活恐龙"变成了现实。英国广播公司电视台（BBC）利用特效技术制作了一系列恐龙影片。《在恐龙中行走》由于制作太过精良，以至于观众都相信摄像组就是在中生代用摄像机拍下了这颗星球上最庞大的爬行动物。

霸王龙

《恐龙》（2000年）

迪士尼电影《恐龙》的主角是一只由电脑特效制作出的禽龙。但即使这只恐龙制作精良，还是出了些差错：禽龙吻部长有喙，但影片中的禽龙却长着嘴唇。这真是动画制作的失误啊。

《恐龙战争》（2000年）

《恐龙战争》的作者注意到了古生物学家最新的发现，这部小说便是讲述了其他星球的类人生物带领霸王龙和大盗龙军队来到地球，想要收复被人类夺走的地球的故事。这部小说的主旨大意与一部漫画十分相似，那就是罗德·埃斯皮诺萨的《世界上的侏罗纪之战》。

禽龙

将迷惑龙与植物混合

这听上去很奇怪，对吗？许多人都很喜欢《宠物小精灵》，田尻智创造的大菊花堪称整个系列中最奇怪的小精灵了。大菊花在2000年首次登场，它身长2米，拥有绿色的迷惑龙的外形，颈部还围绕着盛开的花朵，花朵散发的香气可以令人镇定。

485 暴盖龙

还有一只宠物小精灵的外形与恐龙相像，它就是暴盖龙，其外形几乎与肿头龙一模一样。除此之外，护城龙、钢甲暴龙、固拉多、化石飞龙和班吉拉都是《宠物小精灵》中以恐龙为创作灵感的角色。

迷惑龙

486 《侏罗纪公园3》（2001年）

这么多年过去了，《侏罗纪公园》经典的标志也作出了改动。这个系列电影的第三部中，标志上的化石不再是一只霸王龙，而变成了一只棘龙。在电视节目《迅猛龙闲谈》中，迅猛龙主持人居然以同样的姿态变成了化石，真有意思！

487 崭新的外形

在电影《侏罗纪公园3》中，一位古生物学家向学生们问道："你们认为什么动物才是棘龙呢？"一位年轻的学生认为棘龙可能是似鳄龙或重爪龙（因为都有长长的嘴巴）。这对于电影的忠实粉丝而言是一个笑点，因为他们第一次看到电影海报时就把标志上的棘龙认错了。

似鳄龙

腕龙

重爪龙

488 欢迎你到三个公园来

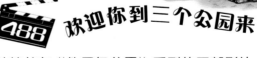

似棘龙在《侏罗纪公园》系列的三部影片中均有出现。在第一部中，腕龙散步时湖边就出现了一群似棘龙。在第二部中，似棘龙则是隐元公司想要捕捉的众多恐龙之一。在第三部中，人类主角们为了躲避迅猛龙的追捕而混进了似棘龙和盔龙的队伍中。

489 基因突变的恐龙

盔龙

《恐龙战队》第27集的故事开篇，美锁格带领它的外星变异恐龙入侵地球。为了保护地球不受它们的伤害，恐龙战队的战士们决定召唤守护兽，它们分别是霸王龙、三角龙、龙皇、翼手龙，当然还有腕龙。而红衣的恐龙战士还能够变成三叠纪时期的恐龙战士，这是比较奇特的一点，因为战队中所有的恐龙都没在侏罗纪之前出现过。

似棘龙

490 时间旅行

迈克尔·斯万维克出版过一本极为神奇的小说，名叫《困在史前》。小说一开篇古生物学家就收到了一个装有剑龙头部的器皿，而且剑龙头部明显是刚刚切下的！除此之外，小说中的人物还进行了许多次时间旅行，或返回过去或飞往未来，所到之处皆生活着会飞的恐龙。

491 漫威恐龙：《老蕾丝》（2003年）

老蕾丝（"口袋的花边"）因受过基因工程改造而拥有了超凡的心电感应能力，格特鲁德是它最亲密的伙伴。老蕾丝诞生于《逃亡童盟》系列，出自布莱恩·沃恩和德里安·阿尔方之手。

492 《火之帝国》（2002年）

在电影《火之帝国》中，巨龙是恐龙灭绝的罪魁祸首。在距今约6500万年前巨龙烤焦了地球，并以灰烬为食。在它们强大的攻势之下，幸存下来的恐龙都因为没有食物而饿死了。有了这些巨龙，还需要陨石吗？

迷惑龙

493 角色扮演游戏

角色扮演游戏《龙与地下城》的最新一版中出现了一个艾伯伦世界，在这个世界中的许多地方仍生活着恐龙（它们甚至成为了半身人的坐骑，就好像托尔金笔下的霍比特人一样）。与其他的故事不同的是，在《龙与地下城》中，恐龙的存在是有理由的：在艾伯伦世界中不曾有过冰河时代。

迅猛龙

494 哈利的冒险

伊恩·威柏和阿德里安·雷诺兹创作了《哈利和装满恐龙的桶》（2005年），故事中的哈利是一个五岁的小男孩，他有一只装满了塑料恐龙的水桶。在他的每个冒险故事中，哈利都会拿出一只玩具恐龙来玩，他会从恐龙那里学到东西并在幻想出的恐龙世界中继续自己的冒险之旅。在哈利的幻想世界中，那些恐龙都是真实存在的，并且十分庞大。

肿头龙

495 牛仔和爬行动物

在2005年，编剧吉姆·奥塔维亚尼和大阁楼合作出版了一部配图小说，书名是《尖利的骨头、牛仔和雷鸣般的爬行动物（雷龙）》。该书以极高的可信度讲述了奥塞内尔·马什和爱德华·科普之间展开的"化石挖掘战"。你还记得吗，我们在第437页讲述过这个故事。

496 电子游戏：21世纪

随着新世纪的到来，有关恐龙的电子游戏也产生了革新。在《动物之森》（2001~2007年），《化石超进化》（2006年）和《化石联盟：恐龙世界锦标赛》（2007年）中，我们可以扮演古生物学家来挖掘化石。该类型游戏的先驱是《我要做个恐龙搜寻者》，发行于1997年。

猛犸象

497 恐龙军队

为了超越所有的恐龙类电子游戏，2006年策略类游戏《密码》发行了。在游戏中玩家不仅要统领另一维度的某个部落，还要设法得到最强大的恐龙军队。除了58种恐龙和猛犸象以及其他一些史前动物之外，游戏中还有一种令人印象深刻的神秘动物，那就是巨猿。它的另一个名字——金刚，你一定很熟悉！

498 夜晚的博物馆

当游客都离开之后，博物馆中会发生什么呢？在电影《博物馆奇妙夜》（2006年）中，博物馆中所有的动物都复活了，还从展示柜中走了出来。在电影里的众多奇妙生物中，最抢眼的就要数那只调皮的霸王龙骨架化石了。